足尾鉱毒事件と農学者の群像

山本悠三

随想舎

足尾鉱毒事件と農学者の群像

目次

足尾鉱毒事件と農学者の群像

はじめに

近代日本における最大の「公害」[1]と言われる足尾鉱毒事件に関する研究は、現在のところかなりの蓄積が見られる。一九七〇年以降の研究状況をまとめた「足尾銅山等鉱毒事件関係参考文献目録」及び「足尾銅山等鉱毒事件関係研究論文目録」（以下前者を「参考文献目録」、後者を「研究論文目録」と略す。いずれも安在邦夫他編『影印本足尾銅山鉱毒事件関係資料』三〇巻所収　東京大学出版会　二〇〇九年）には、これまでの研究文献並びに研究論文の一覧が掲載されている。[2]

同稿には栃木県の足尾銅山のほか愛媛県の別子銅山、秋田県の阿仁銅山に関する鉱毒事件についても含まれているが、足尾銅山の鉱毒事件に関係した研究が圧倒的多数を占めている。そのことは足尾銅山の鉱毒被害の大きさを示すものであり、同時に近代日本の資本主義の発展過程における足尾銅山の占める比重の大きさを示すものでもあると思われる。

ところで、これまでの研究を見ると、事件の事実経過や鉱毒被害を告発し続けた田中正造の思想や行動に研究の多くが占められているように思われる。事実経過の解明や田中正造の思想や行動にかかわる探求は、足尾鉱毒事件研究の根幹に位置するものであるから、それらの探求は今後も続けられなければならないが、この事件の全体像を理解するにはさらに多面的な領域からのアプローチが必要になると思われる。

そうした領域の一つとして、足尾鉱毒事件に対する自然科学者の果たした役割があると思われる。というのは鉱毒事件であるが故に、人体に与える影響から医学、農作物の生育にかかわる影響から農学（それも人体に影響するのであるが）、鉱石の発掘と処理に関することから鉱山学、地（質）学を専攻する自然科学者（それ以外に生物学、環境領域の分野もあるかと思われる）が、どのように対応したのかが問われるからである。そのうちここでは個人的な関心から農学者の対応について検討することにしたい。

これまで足尾鉱毒事件に関係した農学者の研究としては、古在由直に集中していたといえよう。古在の経歴や業績は後述するが、古在にかかわる研究としては、川井一之「鉱毒問題と古在由直博士」（『研究と人間』所収　一九七三年、後に『近代農学の黎明』〈明文書房　一九七七年に再録〉）、熊沢喜久雄「古在由直博士と足尾銅山鉱毒事件」（『肥料化学』三号所収一九八〇年）、同「足尾銅山鉱毒事件を巡る農学者群像」（『肥料科学』三六号所収　二〇一四年）、石田三雄「公害に肉薄した勇気ある東大助教授——調査に協力した学生も命がけ——」（『近代日本の創造史』二号所収　二〇〇六年）、並松信久「農科大学の課題と教授職の役割——古在由直の再評価を通して——」（『京都産業大学論集』二九号所収　二〇一二年）等がある。

このほか安藤円秀『農学事始め』（東京大学出版会　一九六六年）、古在由重「足尾鉱毒事件と古在由直」（『世界』三〇二号所収　一九七一年）、堀口修「足尾銅山鉱毒事件と科学者古在由直博士」（『ＵＰ』二〇〇九年九月号所収）等の評伝や評論があり、いずれも古在の足尾鉱毒事件へのかかわりを描いている。

以上の研究史をみる限りでも、古在の足尾鉱毒事件へのかかわりの大きさが窺われるものの、古在の役割は足尾鉱毒事件の全貌からみて、どのような比重を占めていたのであろうか。また、古在は最後まで足尾鉱毒事件にかかわることなく、途中で殆ど接点を持たなくなるが、そのことは何を意味しているのであろうか。これらのことに十分な考察が踏まえられているとはいえない。それは一人古在のみの問題としてではなく自然科学者のあり方として、改めて検討すべき課題が提起されているように思われる。

また、この間先述した『影印本足尾銅山鉱毒事件関係資料』全三〇巻が刊行されたが、同書には明治三〇（一八八七）年と明治三五（一九〇二）年の足尾鉱毒調査委員会の活動内容が詳しく述べられており、後者の委員会のメンバーとなった古在の言動に関連した部分も多く含まれているといわれている。しかし、「この委員・委員会の活動を検討・分析する研究は、活発とは言えない」[3]との指摘がある。復刻された史料から新たな事実の発掘が必要な時期にあるのではなかろうか。

さらに、古在以外にも足尾鉱毒事件にかかわった農学者が複数いた。農商務省農事試験場の初代場長である沢野淳。農事試験場技師の坂野初次郎。古在の同僚で東京帝国大学助教授（当時）の長岡宗好。そして東京帝国大学教授の横井時敬[4]。在野の農学者で津田梅子の父親にあたる津田仙[5]等々である。それら古在以外の農学者の鉱毒事件への対応は部分的に触れられているが、総括的な把握が必要と思われる。そうすることにより足尾鉱毒事件に対する農学者のより詳しい対応が明らかに出来るのではないかと思われる。

（1）内藤護編『資料足尾鉱毒事件』（亜紀書房　一九七一年）では、公害を「公益による加害」（はしがき）としているが、的を射た評価と思われる（傍点原文）。

（2）一九七〇年以前の研究状況に関しては安在邦夫「田中正造研究主要参考文献」（鹿野政直他編『田中正造全集』別巻所収の「月報」　岩波書店　一九八〇年）。
（3）堀口修「『影印本足尾銅山鉱毒事件関係資料』について」（『影印本足尾銅山鉱毒事件関係資料』三〇巻所収）三七五頁。
（4）横井に関しては、大日本農会編『横井博士全集』全一〇巻（一九二七年）、三好信浩『横井時敬と日本農業教育発達史』（日本図書センター　二〇〇〇年）、杉林隆『産業社会と人間形成論』（日本図書センター　二〇〇〇年）所収「横井時敬の農業教育論」を参照。
（5）津田に関しては、伝田功『近代日本経済思想の研究』（未来社　一九六二年）所収「明治後期の農政論」、大西伍一『改訂増補　日本老農伝』（農山漁村文化協会　一九八五年）所収「津田仙」、三好信浩『近代日本産業啓蒙家の研究』（風間書房　一九九五年）所収「津田仙」等を参照。

第一章　足尾鉱毒事件の経緯

一、古河市兵衛の銅山経営

明治以降本格的に足尾銅山の経営に乗り出したのは古河市兵衛であるが、その経緯は「参考文献目録」並びに「研究文献目録」に掲載の諸研究で明らかにされている。[1] そこでそれらに依拠しながら足尾鉱毒事件に至るまでを古河の銅山経営からみておきたい。

栃木県上都賀郡（都賀郡が上下に分かれるのは明治一一年）にある足尾銅山は、慶長一五（一六一〇）年に鉱脈が発見されると、江戸幕府の直轄銅山として発掘が始められた。その後産出量の低下にともない廃鉱同然となっていたが、明治維新後民間に払い下げられると、複数の人々の間で採掘権が移動した。そして明治一〇（一八七七）年に古河が多少手続きに手間取ったものの正式に買収し、それ以後足尾銅山の経営は古河の手に委ねられることになる。

では、古河市兵衛とはどのような人物なのか。経営権を入手するあたりまでの経歴を五日会編『古河市兵衛翁伝』（五日会　一九二六年）、日本経営史研究所編『創業一〇〇年史』（古

河鉱業株式会社　一九七六年）等を手掛かりに辿っておく。

古河は天保三（一八三二）年に京都岡崎の造り酒屋である大和屋の木村長右衛門の次男として生まれた。幼名は巳之助である。その後生家の事業が不振となったため、一〇歳を過ぎると丁稚奉公や行商で生計を立てた。

この間実母さらには継母も死去したが、二人目の継母の兄つまり伯父にあたる木村理助が南部藩の勘定吟味方となると、その伯父を頼って一時盛岡で暮らすことになる。この時名を幸助と改める。その後二七歳の時、盛岡に生糸の買い付けに来ていた伯父の友人にあたる京都の井筒屋本家小野店の古河太郎左衛門重賢に才能を見抜かれ、太郎左衛門の養子となった。その時から古河市兵衛と名乗ることとなる。古河は太郎左衛門の下で生糸の買付けにあたり商才を発揮したため、明治二（一八六九）年に井筒屋本家小野店から分家が認められた。

古河市兵衛

その後も生糸貿易で利益を得ていたが、明治五（一八七二）年に鉱山事業家の岡田平蔵と誘い合って、秋田県の院内銀山や阿仁銅山等の鉱山経営にも乗り出す。岡田の詳しい経歴は不明であるが、長州の出身で「維新前後に於て豪胆機略を以て鳴った商人」と評される人物であったといわれている。[2] 鉱山経営に乗り出す際に、岡田が井筒屋本家小野店から融資を受けて「実際の経営に当」る一方で、井筒屋本家小野店を預かる古河は「金銭の収支を司」る関係にあった。[3] その後、明治七（一八七四）年に井筒屋本家小野店が倒産し、同じ頃生糸取引にも失敗すると、それを機に古河は鉱山経営に本腰を入れることとなった。

院内銀山や阿仁銅山等の鉱山経営は同年岡田が死去したことも重なり手を引くことになるが、その次に新潟県の草倉銅山の経営に着手することとなる。その経営にあたって第一国立銀行（明治六年設立、後の第一銀行、現みずほ銀行）頭取の渋沢栄一や相馬家の家令（華族の執事）志賀直道（志賀直哉の祖父）の協力を仰いだ。この開発が成功し軌道に乗ることになると、銅山経営に自信を深めた古河は、「儲け仕事はアカ（銅のこと—引用者注）に限る」[4] が口癖となって銅山の経営に狂奔していくことになる。

古河が足尾銅山の経営権を獲得したのは先述したように明治一〇年であった。経営権を獲得した古河に対して、世間は「正気の沙汰だろうか」[5] と噂をしていたといわれていたが、その頃既に四〇歳代の半ばに達していた古河にしてみれば、足尾銅山の経営は「背水の陣」であり「最後の博奕」であったのかもしれない。

足尾銅山の開発にあたっても草倉銅山の時と同様、志賀直道に出資を募り、渋沢栄一にも出資を呼びかけた。志賀も渋沢も足尾銅山の開発に協力をすることになったが、志賀は草倉銅山の時でも家中の反対にあっており、渋々引き受けたというのが実情であった。そのためか明治一九（一八八六）年になると足尾銅山の開発事業から手を引く。また渋沢も足尾銅山の開発事業が軌道に乗るのを見届けると、明治二一（一八八八）年には手を引くことになり、その後は古河が単独で銅山経営に携わることになった。

足尾銅山の経営は長らく廃鉱同然となっていたこともあり、当初思ったような成果は見られなかった。そこで明治一二（一八七九）年、草倉銅山にいた古河の兄の長男である木村長兵衛を坑長として採用することになった。その木村の手腕により明治一四年に鷹の巣直利《なおり》、続く明治一七（一八八四）年に横間歩《よこまぶ》大直利が発見されることになる（直利とは富鉱を意味する）。その結果産銅量は飛躍的に増大した。

産銅量は明治一〇年頃は五〇トンにも達しなかったが、明治一七年になると二二八六トンに達し、古河の全産銅量の六八％、全国の産銅量の二六％を占めた。さらに、明治一八年には四〇〇〇トンを越えたが、それは全国の産銅量の半分を越える分量であった。

ところで、それまでの足尾銅山の採掘方法は鉱石を背負籠で運び出す運搬手段であったが、木村の提案もあって手押し車に改善された。また、坑内の排水手段も手押しポンプに改善されたが、それでも旧態依然とした採掘方法のままで、「江戸時代以来の原始的段階を大きくこえるものではな」かったともいわれている。[6] そのため新たな鉱脈の発掘があったとしても、技術的な未熟さからそれ以上の成果を期待することは困難であった。

足尾銅山がそうした状況にあった明治一八（一八八五）年三月、古河が前年の官営の院内銀山に続いて、同じく官営の阿仁銅山を獲得したことで転機が齎されることになる。阿仁銅山は一時期古河が経営に携わっていたことは述べたが、阿仁銅山を獲得したことにより、官営なるが故にそこで設置されていた西洋から輸入された最新の機械設備と、近代技術の素養を身につけた技術者たちを同時に確保することになる。

まず、機械設備としては鑿岩機が用いられたことにより、作業効率は格段に高まることになった。また、それまでの手押しポンプによる排水をボイラー式ポンプで行うことにより、これも格段に作業効率が高まった。また、坑道を一本化して大規模な通洞工事を行うなど、足尾銅山の採掘方法の近代化が促進されたのである。採掘方法の近代化は海外から大量の古河産銅の買付け注文があったことでさらに促進されるのであるが、その点に関してはすぐ後で述べることにしたい。
それでも「機械ぎらい」といわれていた古河は、採掘用の水車動力を蒸気力に改めるにあたり、古ボイラーで間に合わせたりしていた側面もあったと言われている。[7] とはいえ古河は「新技術導入のパイオニアー」でもあったと言われているので、[8] 古ボイラーで間に合わせたのは、「機械ぎらい」というよりそうせざるを得なかった資本力の問題ではなかろうかと考えられる。
また阿仁銅山の獲得により、人材として欧米の近代技術の素養を身につけた大学出身の技術者を得ることが出来た。それまで古河が経営する各地の鉱山には、専門的な技術者は殆どいなかったといわれている。[9]
このように直利の発見という自然条件と、新しい技術の確保という人為的条件とが重なり、足尾銅山の発掘量は急激な増加を見ることになる。そのため経営は一挙に好転することになる。明治二四（一八九一）年に産出量はついに全国一位を占めるに至った。

二、足尾銅山の発展

阿仁銅山の獲得には技術的な側面とともに、もう一つ別な側面について触れておく必要がある。というのは、阿仁銅山獲得の背景には一八八〇年代に集中した官営事業の払下げがあった。官営事業の払下げは明治一七（一八八四）年の鉱山払下げの決定を契機に本格化することになるが〈それ以前では明治七年の高島炭鉱の後藤象二郎への払下げがある〈高島炭鉱はその後明治一四年に三菱へ譲渡される〉〉、払下げの殆どが特定資本に対して行われている。それは官業払下げの目的が財政整理を意味すると同時に、それまで政府の資金が投下されてきた諸事業を継続していく力量のある資本家が限られていたことにもよる。力量のある資本家とは政府の保護下で成長してきた一部の政商のことであるが、そのことは自ずと払下げが特定政商に限定されることになり、政商保護の性格を持つことになる。[10]

阿仁銅山に関して言えば、それまでに官営銅山として多額な資金が投下されており、技術や設備の面では他の銅山に比べて数段優れていた。その官営銅山が古河に払い下げられたということは、古河が鉱山事業に習熟した信用を置くに足る事業家として認識されていたことを意味するものであった。

ところで、産出量が全国一位を占める少し前の明治二一（一八八八）年の春、先述したように海外から大量の産銅の買付け注文があった。それは、東アジア最大の勢力を誇り、横浜居留地の英一番館を拠点としていたイギリスのジャーディン・マジソン商会から、古河の経営する銅山の産出銅に対する買注文である。買注文の具体的な内容は明治二一年から二九カ月間にわたって、総額六〇〇万円にも及ぶものであった。

古河は当初商談規模の大きさから難色を示したものの、古河と関係のあるオットー・ライメース商会の斡旋もあって最終的に受諾することになった。とはいえ既にその頃草倉銅山や阿仁銅山の増産が困難な状況であったことに加えて、資本蓄積もまだ不十分な古河にとって、その受諾は産銅の中心となる足尾銅山の増産が前提条件となっていた。

そこで、足尾銅山の採掘方法には先述した阿仁銅山獲得後の近代設備の採用に加えて、さらに促進されていく必要性に迫られたのである。明治二一年の冬に日本で最初の水力発電工事の準備に着手することになり、坑内排水、巻揚げ動力の電化がはかられた。[11] それでも燃料消費や鉱石、製品の運搬手段に問題があったため、明治二三年ドイツのジーメンス社に依頼して、四〇〇馬力タービン水車によるポンプ用馬力・巻揚げ用二五馬力、電灯用六馬力の発電力を備えた間藤発電所を完成させた。[12]

その間、明治二二年に架空鉄索運搬計画がたてられた。その計画は翌二三年に細尾峠を越えて日光に通じる索道運搬が開始されることで具体化する。その直後に日本鉄道の日光線開通を機に細尾―日光間に軽便馬車軌道が敷設されたため、それまで主な産銅の搬出手段であった牛馬による移送から、それ以後は著しく改善されることになった。大正三（一九一四）年に至って一旦中止となっていた足尾―大間々間の鉄道が開通すると、その後はその鉄道が幹線となるが、それまでは細尾―日光間の軽便馬車軌道が運搬の幹線であった。

また、設備面でも明治二六（一八九三）年にベマセ転炉製錬所が完成すると、鉱石から製銅に要する期間が大幅に短縮され、足尾銅山の産銅量は飛躍的に向上した。とはいえ、還元製錬により硫化銅から直接亜硫酸ガスを発生させることになり、森林破壊の原因ともなったのである。[13]

三、銅と日本資本主義

では、足尾銅山も含めた当時の日本にとって銅は産業上の、あるいは日本資本主義の発展にとって、どのような意味を持っていたのであろうか。行論を展開していくにあたり整理しておく必要があるが、この点に関して高木潔「銅と日本資本主義」(『足尾鉱毒事件研究』〈三一書房　一九七四年〉所収)に簡潔に纏められているので、それに依拠しつつ述べておきたい。

同稿によれば、幕末から明治維新に至る過程は、国内に資本主義が成熟した結果として世界市場にリンクしたわけではなく、外圧による開国という要因が極めて強かった。そのため、海外から安価で品質の優れた綿糸布、毛織物、砂糖等の消費物資が大量に輸入されることとなった。さらに、欧米列強による外圧は絶えず国土への侵略に繋がるという危機感があったため、欧米列強に対抗するうえで、近代的な軍事力の強化が求められることになる。それには近代的な科学兵器の購入が不可欠となるが、そのための支払いも莫大な金額に達することになる。こうした状況は慢性的な輸入超過という事態を齎すことはいうまでもないが、それに対する対価の支払い手段として、生糸、茶、綿糸、米、石炭等と並んで銅が可能な輸出品目となっていく。

とはいえ銅は明治一〇年代を通じて輸出額の数%程度を推移していたに過ぎなかった。そのため当初の主要な輸出品としては生糸と茶が占めることになり、この二品目で約六%を占めていた。(14)これに銅のほか米と石炭が続いたが、銅の輸出額が数%であったことから判断すれば、米と石炭の輸出額も推して知るべしといえよう。

その後、明治二〇年代になると、生糸はともかくとして茶、米の比率は下がり、その反面、銅、石炭のほか絹織物、マッチ等の雑貨を中心とする軽工業製品の輸出額が漸増することになる。そのうち銅は明治二三（一八九〇）年に至って総輸出額の一〇％近くにも達することになった。しかもその輸出額は国内の全産銅量のほぼ八〇％に相当していた。ちなみに、産銅量は明治二五（一八九二）年の段階でアメリカ、スペインに次いで第三位にあり、明治三〇（一八九七）年の段階でもアメリカ、チリ、ドイツについで第四位にあった。そして第一次世界大戦前後までの日本は世界有数の銅輸出国でもあったのである。

そこで、銅の輸出額が国内の全産銅量のほぼ八〇％に相当していたことに関して、同稿に依拠しながら銅の輸出率や輸出額の考察を行っておきたい。同稿（同書七頁）では明治七（一八七四）年から明治三〇（一八九七）年までの銅の生産高と輸出高及び生産される銅のうち、どのくらいが輸出されるのかを示す輸出率を提示している（表1）。

表1から判断出来ることは、明治七（一八七四）年に全産銅量に対する銅輸出高が僅かに六％であったものが、明治一一（一八七八）年になると六〇％を越える数値を示していた。その数値はその後数年間三〇％代から五〇％代で推移していたが、明治一八（一八八五）年

に至って七六%となると、それ以後は七〇~九〇%代で推移し、明治二三(一八九〇)年には一〇六%を示すまでになった。

このことから、日本の銅生産がごく初期の頃を除いて、常に輸出率が高いことが読み取れる。つまり、銅の産出は主な使用対象が国内市場にではなく、外国市場に依拠しながら成立

表1　銅の生産・輸出の変化

年次	全国産銅高 A	銅輸出高 B	B/A×100
年	千斤	千斤	%
1874	3,512	218	6.2
75	3,998	635	15.9
76	5,303	881	16.6
77	6,571	2,669	40.6
78	7,094	4,312	60.8
79	7,714	4,494	58.3
1880	7,782	2,349	30.2
81	7,953	3,128	39.3
82	9,360	4,532	48.4
83	11,291	3,934	34.8
84	14,814	8,638	56.5
85	17,568	13,496	76.8
86	16,290	15,932	97.8
87	18,440	14,243	77.2
88	22,291	16,075	72.1
89	27,090	16,835	62.1
1890	30,356	32,352	106.6
91	31,654	28,876	91.2
92	34,600	29,966	86.6
93	29,986	25,530	85.1
94	33,180	25,404	76.6
95	31,866	24,187	75.9
96	33,465	24,184	72.3
97	33,982	23,225	68.3

『日本経済統計総観』(1930年)

していることを意味するものであった。なお、高木の示した表では明治二三年に一〇六％の数値を示していたが、先に同年は八〇％の数値としていた。この差異について補足しておくと、輸出される銅の数値は必ずしも当該年度内生産だけでなく、前年の生産分を含んでいることによる。

表1の示す数値に対してもう一つ付け加えておくことは、一八八〇年代後半から一八九〇年代の前半にかけて、つまり明治二〇年代に銅生産と銅の輸出高がそれ以前の時期と比較して格段に向上していることが分かる。これについて、高木は「間接的には外国市場の需要増を条件としている」ものの、「生産を可能とするより直接的な条件の問題として」みた場合、「銅の生産条件とりわけ資本と技術とがこの時期に急速にととのった」ことを指摘している（七頁〜八頁）。そのことはそのまま官営の阿仁銅山の払い下げもあり、明治二〇年代の前半に機械化が進んだことから、足尾銅山の産銅量が増加したことを意味していたことになるであろう。

さらにもう一つ、産銅量の増加が世界市場に連動していることについて補足しておきたい。というのは、明治一九（一八八六）年に至って、イギリスやフランス、ベルギー等のヨーロッパ諸国が電信線を従来の鉄線から銅線に代えたことが輸出量に大きく影響していたのであった。また、日本国内の場合でも逓信省による銅線の採用が増産に好結果を与えたこと。さらに、清国の新銅貨の大量鋳造等があり、銅の需要が国内的にも国際的にも増大していたことを挙げておく必要があるであろう。

四、渡良瀬川流域の景観

足尾銅山の増産は森林破壊の原因を作り出したと指摘したように、その周囲に何らかの影響を及ぼさずにはおかなかった。いうまでもなく、足尾銅山から流れ出て渡良瀬川流域を汚染することになる鉱毒問題であった。

そこで、足尾銅山の鉱毒によって汚染される前後の渡良瀬川及びその流域の景観について、栃木県足利郡吾妻村（現佐野市）の農民庭田源八「鉱毒地鳥獣虫魚被害実記」（『義人全集』「鉱毒事件」上巻所収　一八九八年）、永島与八『鉱毒事件の真相と田中正造翁』（佐野組合基督教会　一九三八年。明治文献　一九七一年）等がスケッチを試みている。それに他の文献も交えながらみておきたい。

渡良瀬川は坂東太郎とも言われる利根川の支流の一つである。栃木県にある中禅寺湖の外

足尾銅山鉱毒事件関連略図　（明治 30 年当時）

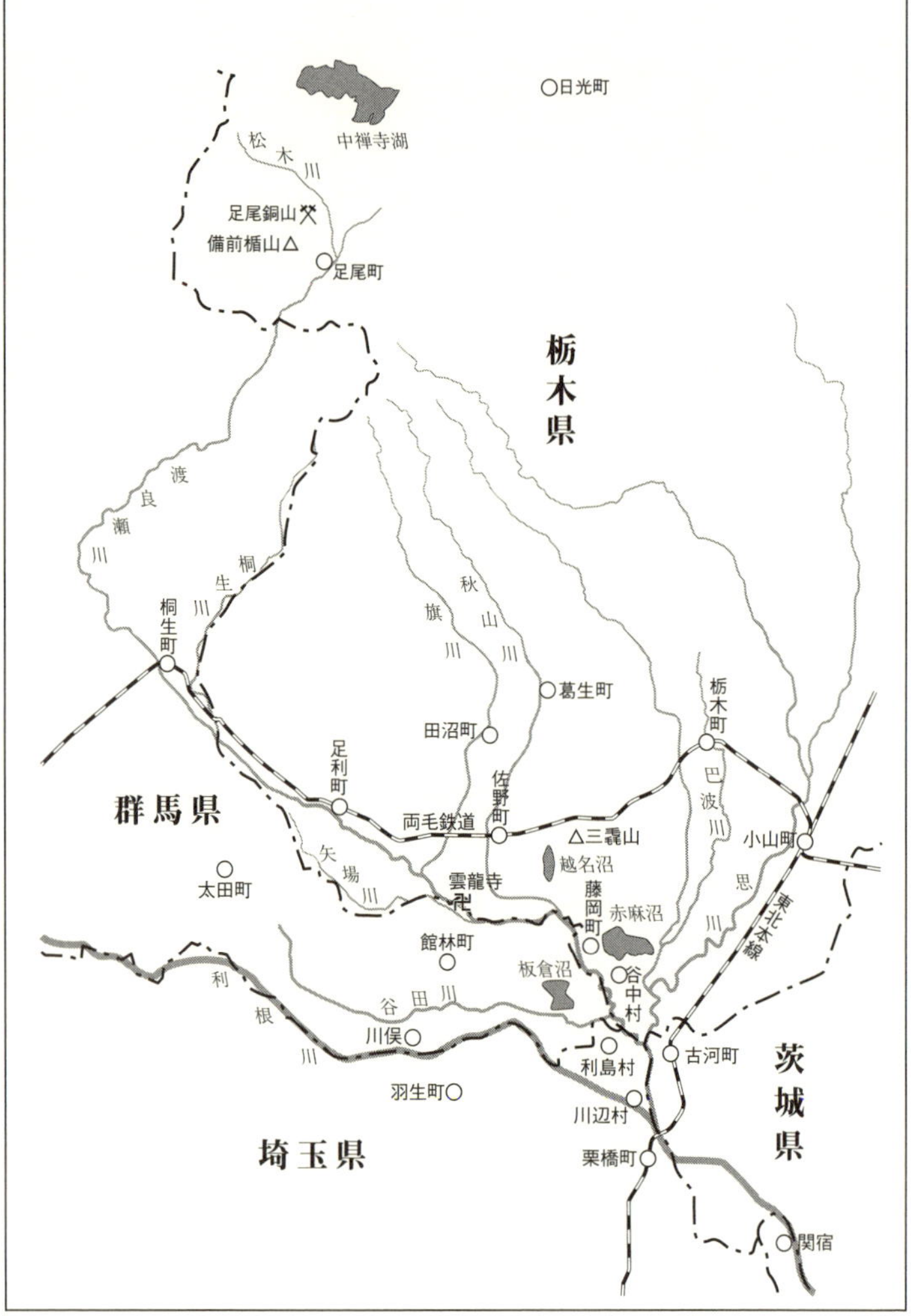

輪山の南側、上都賀郡の皇海山に源を発する松木川が南に下って、同郡足尾町字赤倉に至り出川と合流し、さらに足尾町字渡良瀬に至って神子内川とも合流する。そこから渡良瀬川の名称で呼ばれるようになる。渡良瀬川はそれより群馬県の勢多郡東村、同郡黒保根村を通り、山田郡大間々町に至って、再び栃木県に入る。その後は足利郡を経て北側に位置する安蘇郡、下都賀郡、南側に位置する群馬県邑楽郡等を流れる諸河川を集めて東南に進路を取りながら、茨城県の古河あたりで利根川に合流している。全長約一〇〇キロほどの河川である。

地元で渡良瀬川は江戸時代より三年から五年に一度の割合で氾濫する河川として知られていた。氾濫はその度に流域の住民に多大な損害を与えたが、その一方で水源にあたる山林に堆積した腐葉土、遊泥等の天然肥料を大量に水田に運び込むことになった。そのため住民が農耕をするにあたり、二～三年は肥料を与える必要がないほどの肥沃な土地であった。また氾濫によって魚類が増加することにもなるため、流域の住民にとって渡良瀬川の氾濫はマイナスとばかり言えない側面もあったのである。

河川の氾濫は秋口に起こるため、夏作こそ早稲物を作らなければならなかったが、冬作は全く無肥料でもよく、種さえこぼしておけば、一反で大麦が三石五斗～六斗ほど、小麦が二石四斗〜五斗もの収穫が得られた。地味が良いため大麦、小麦は出来過ぎることもあるといわれていた（鹿野政直「足尾鉱毒事件と田中正造」〈『月刊労働問題』一五〇号所収〉一九七〇年）。

　その他、流域の住民たちは菜種や辛種あるいは朝鮮菜等を作っていた。そのうち菜種は高さが六尺くらいにもなり、辛種は八尺から九尺くらいにもなった。毎年四月〜五月の季節になると、流域一帯には菜種の花が黄金色に咲きほこり、その光景は「なんとなくゆかしう御座り升た」と言われ、「諺に菜葉に蝶と云う事が御座りますが此等花に、種々の蝶が、飛違ひましたもので御座ります」（「鉱毒地鳥獣虫魚被害実記」四八四頁）とも言われるほどであった。さらに渡良瀬川には夥しい数の魚類が生息していた。主な種類としては鮎、鯉、鮒、鰻等であったが、一〇月には鮭や鱒も銚子から溯上してきた。それらの魚類により生計をたてる漁民は三七〇〇人にも

足利市内を流れる渡良瀬川

及んだのである。

当時の状況を示す新聞記事の一つに、「下野国渡良瀬川は毎年秋季を迎ふる頃ともなれば鮎鮭の漁猟多く土地の者は誰彼の別なく漁猟に従ひしが本年は殊の外鮭の多猟にて始めの程は九百目にて三円六十銭前後に売買せしが、昨今は次第に下落して七八十銭位になりしと同地の者より通知あり[15]」という記事がある。この文面は明治期の渡良瀬川で、流域の住民による鮭猟を伝える数少ない記事の一つである。豊漁年とそうでない年との違いはあっても、鮭は毎年渡良瀬川を溯上してきたことを伝えている。

また、流域では天然の沃土に育まれてみごとな竹が生えた。この竹を買い集め、筏に組み東京まで運び出すことで、生計を立てていた流域の住民が二〇〇人以上もいた。東京まで運び出す物資は竹に限られたものではなく、緩やかな水運の便を利用して流域の住民は仕入れ品を東京から運び入れ、生産品を東京まで輸送したのである（前掲鹿野論文）。

五、渡良瀬川流域の汚染被害

このような住民に豊かな恵みを齎した渡良瀬川の流域に異変が生じたのは、明治一三年

（一八八〇）から一四年の頃であったが、明治一一年からという説もある。もっとも、鉱毒被害の端緒が明治一一年か明治一三年かについて議論を進めることは、必ずしも意味ある作業とはいえない。それより明治一〇年代初頭のこの時期に、早くも足尾銅山の鉱毒被害が流域に及んでいたことに着目しておく必要があるであろう(16)。

もっとも、足尾銅山による鉱毒被害はこの時期が最初というわけではなく、江戸時代から既に流域の住民に損害を与えていたとの指摘がある。例えば古河鉱業株式会社の『創業一〇〇年史』では足尾銅山が発見されてから古河の経営に移るまで（ちなみに古河鉱業の創立は明治三八年）、「真吹法」という方法で操業されていた。その方法によると高品位の鉱石のみが処理され、低品位の鉱石は破棄されることになるが、その過程で鉱毒問題が生じることになるというものである。

そこではさらに「村指出誌免書上帳」（一七四〇年）という文書に「是ハ渡良瀬川ニテ鱵猟事仕リ候得共足尾銅山出来候後鱵取リ方少々ニ相成」とある。それは足尾銅山の鉱毒により渡良瀬川での漁獲が殆ど出来なくなったため、住民が免訴を願い出たことを示すものである。また「渡良瀬川上流の治山治水関係資料」（一八二一年）には「文政四年に鉱毒問題あるも農民幕府を怖れ抗議記録なし」と指摘されている（一六四頁）。これらの事例は足尾銅山が既に江戸時代にあっても鉱毒問題を引き起こしていたので、鉱毒問題は古河鉱業だけの責任ではないとする反論の根拠ともなった（この点に関しては第二章「鉱毒被害への対応」三「長祐之、早川忠吾の活動」でも述べる）。

古河鉱業側の言い分は以上であるが、江戸時代にあっても鉱毒被害があったとはいえ、前述したように足尾銅山の採掘は一八〇〇年代以降に入ると、殆ど停止に近い状態にあった。したがって、江戸時代全般を通した被害の程度は、山元の局地的な被害に留まり、渡良瀬川下流域にまで被害が及ぶほどではなく、その後の鉱毒被害状況とは比較にならなかったといえよう。

再び明治一〇年代の鉱毒被害の状況に戻ろう。明治一一年の初秋に起きた洪水が切掛けとなり、稲や麦その他の農作物に鉱毒の被害が見られたが、明治一三年から一四年にかけての渡良瀬川に起きた異変としては、洪水の時に生命づよい鰻が弱ったまま流れつき、子供にも容易に捕まえることが出来たこと、あるいは洪水に浸ると足の指の股がただれたこと、というような類いの話が流域の人々の間に広がるようになっていく。

さらに、洪水が運んできた土には草一本生えない。桑の葉を蚕に食べさせるとたちまち死に至る。洪水の侵入した井戸水を飲むと下痢をするなどの変事が次々と起きた。昔から聞いたこともない異変に、流域の人々は戸惑うばかりで、川上に何か毒でもあるのだろうかと語り合ったとある（『鉱毒事件の真相と田中正造翁』七頁～八頁）。

このような事態をいち早く察知した栃木県令（知事）の藤川為親は、明治一三年に「渡良瀬川の魚族は、衛生に害あるに依り、一切捕獲することを禁ず」との指令を発したが、ほどなく内務省の指示により島根県令に転任されることとなった。この指令が虚構であることは既に証明されているが[17]、それに関してはひとまず置くとしよう。いずれにせよこのあたりから渡良瀬川流域の汚染が顕著となっていく。

その後、流域の住民が汚染の原因が足尾銅山の鉱毒にあるとの疑念を抱くようになるのは、異変が生じてから、ほぼ一〇年近くを経た明治二〇年頃のことである。その頃は既に渡良瀬川で魚影を見ることは殆ど無くなり、漁師たちも姿を消していたのであった[18]。

そうした状況にあった同年の秋、東京専門学校（現早稲田大学）政治科の学生だった梁田郡梁田村の長祐之、足利郡足利町の須永金三郎等は行政学討論を行い、鉱毒問題に警鐘を鳴らした。とはいえ「未だ物議の種子たるに至らずして過る」とあるように[19]、この段階で鉱毒問題は世論を喚起するには至らなかった。ちなみに、長は後に鉱毒被害の反対運動から離れていくものの、初期の段階では「重要な働きをしていた」人物であり[20]、須永は『両毛新聞』

という地方紙を経営する人物であった。[21] その他、後述する足利郡吾妻村の村長亀田左平、同郡毛野村の県議会議員早川忠吾等はいずれも士族や名主の流れをくむ人々で、いわば地方の名士でもあり知識層に属する人々でもあった。彼らはこの直後から鉱毒被害への闘いに取り組んでいくのであるが、それについては改めて述べることにしたい。

明治二〇年が過ぎて、翌明治二一(一八八八)年に入ると、同年に起きた洪水により、渡良瀬川の流域に位置する下都賀郡、安蘇郡、足立郡等の住民は大きな被害を受けた。さらにその翌明治二二年の増水により、前年を上回る八郡に及ぶ住民が被害を受けることとなった。それにともなう農作物の不作に対して住民たちは、その原因が足尾銅山から流失する鉱毒であると確信するようになっていく。

渡良瀬川の流域で洪水が頻繁に起きるようになったのは、足尾銅山で銅製練に必要な山林の伐採と燃料化が進んだことにある。そのうち、山林の伐採が雨水の保有能力の減退につながり、それが洪水被害の拡大に繋がっていったのである。また、燃料化が進んだことにより、亜硫酸ガスや亜砒酸等が発生したため周辺に煙害を生じることとなった。そうした被害が決定的となったのは、明治二三(一八九〇)年八月に大洪水が渡良瀬川流域の町村を襲い、「館林以東の八十九町村を泥海と化し」たことによる。[23]

大洪水の模様を流域の足利郡、梁田郡等を事例に見ておくことにしよう。二二日の深夜に一帯が暴風と大雨に襲われ、「聞くだに物凄き有様なりし」状況となった。二三日の未明から氾濫寸前となったため、足利町では「早鐘を打ち鳴ら」すことになった。それにより町中の消防組が「瞬間に出揃い夫々持場を定めて尽力」し「市中の各戸にては屋敷浸水の防御に立」ったのである。

それでも、正午になると「サシモに広き」河原も「一面の濁水とな」ったため、「有名なる」岩井の堤も「過半は激浪打ち越してアハヤ壊崩せんず有様」となっていた。また、今福の織物講習所脇の鉄橋は全く流失してしまい、レールのみが僅かに残っていた状態である。そのため「周囲目の及ぶ限り水となり逃るるにも救ふにも道」すら見分けがつかないほどであった。さらに、「川筋」にあたる足利郡毛野村、同郡吾妻村、安蘇郡旗川村の「各所は濁水堪へ込みて一望限りなきの海原とな」っており、梁田郡山辺村では堤防が破壊されたため、「最寄の人家田畑等損害非常に夥し」く「各所の作物は悉く腐朽」したことが伝えられている。(24)

この大洪水のため、渡良瀬川流域では約一万ヘクタールの農地に鉱毒水が冠水したことになり、農作物が全滅したほか、浸水家屋も相当数に及んだのである。暴風雨は直後の三〇日にもあり、被害に追い打ちを掛けることになった。

この大洪水の直後から、被災民たちによる復旧に向けた動きが活発化していくことになるのはいうまでもない。

（1）そこに記載はされてないが、東海林吉郎「足尾銅山鉱毒事件」（『日本の経験』を伝える』所収　アジア経済研究所　一九八二年）、東海林吉郎、菅井益郎編「足尾鉱毒事件研究―公害の原点―」（『技術と産業公害』所収　アジア経済研究所　一九八五年）も不可欠な研究である。

（2）五日会編『古河市兵衛翁伝』（五日会　一九二六年）五一頁。菊地浩之『日本の一五大財閥』（平凡社　二〇〇九年）一八〇頁。

（3）『古河市兵衛翁伝』五二頁。

（4）村松梢風『梢風名勝負　原敬決闘史』（読売新聞社　一九六六年）六一頁。なお、同書には「日本の金掘りの天才としては、慶長時代に伊豆と佐渡の金山を掘って徳川幕府の財政の基礎を築き上げた大久保石見守長安が筆頭に挙げられるが、彼は金鉱を発見する場合に、鼻で山の匂いをかいだと云い伝えられている。それと同じように、古河市兵衛も鼻で匂いをかいだという伝説がある。いかなる科学をもってしても地下数千尺に埋没する鉱脈の存在を的確に知る方法はない。長安にしても、市兵衛にしても、運というには余りに困難なこの発見に成功したのであるから、尋常の科学者以上の天才の持主であったに相違なく、そこに伝説が生まれた」（六一頁）とある。

(5)同前六一頁。
(6)高木潔「銅と日本資本主義」(鹿野政直編『足尾鉱毒事件研究』(三一書房　一九七四年所収)二一頁。
(7)林茂他「座談会田中正造―足尾鉱毒事件をめぐって―」(『世界』一九五四年九月号所収)一六一頁。
(8)「銅と日本資本主義」二二頁。
(9)菅井益郎「足尾銅山鉱毒事件(上)」(『公害研究』三巻三号所収　一九七四年)では阿仁銅山の「払下げにより、後に鉱毒予防工事当時の足尾所長となる近藤陸三郎他数名の工学士」を得たとある。
　なお「阿仁銅山の払下げをうけた時にも、まず第一に従業員の整理を行った。官行時代約三千人に達した従業員を、出来うるかぎり、他の諸山に移した。また、坑夫の賃金を二割引下げた。そして、これまでのお役所風のやり方を改めて、どんどん利益をあげていった」(「座談会田中正造―足尾鉱毒事件をめぐって―」一六一頁)とある。さらに「坑夫に対する労働条件は言語に絶するような苛酷さで、まさに「この世の地獄」という歌の文句そのままだった」(『梢風名勝負　原敬決闘史』六二頁)とする指摘もある。いずれの指摘からも古河の労働者に対する雇用認識を窺うことが出来よう。
(10)「銅と日本資本主義」一一頁～一二頁。
(11)『資料足尾鉱毒事件』四頁。

(12)『創業一〇〇年史』には「坑内技術の導入」に関する一覧表が掲載されており（一三四頁）、その変遷を辿るのに便利である。
(13) 菅井益郎「足尾銅山鉱毒事件（上）」。
(14) 農業技術研究所編『農業技術研究所80年史』（一九七三年）によれば「当時、茶はわが国における主要な輸出農産物であったが、国内における生産者の製茶方法が幼稚で、品質も海外向けに適しないものがあり、これを改善して良質の茶を産出するということで」明治一九年に製茶試験所が設置されたとある（二二頁）。
(15)『自由新聞』明治一五年一〇月一日（東海林「足尾銅山鉱毒事件」より再引用）。
(16) 川井一之「鉱毒問題と古在由直博士」では明治一一年初秋の洪水を切掛けとして、稲や麦その他の農作物に鉱毒被害が表れたとしている。また、石田三雄「公害に肉薄した勇気ある東大助教授」でも鉱毒の影響が顕著になってきたのは、一八七八（明治一一）年からであったとしている。これに対し『栃木県史』通史編六巻　近現代一（一九八二年）には、明治一四年当時は未だ鉱毒の影響は表面化してないので「生ける渡良瀬川」であったとしている（三六八頁）。
(17) 東海林吉郎「藤川為親県令の布達について」（布川了『足尾銅山鉱毒事件　虚構と事実』所収　渡良瀬川鉱害シンポジウム刊行会　一九七六年）に、藤川栃木県令の布達が明治一三年であることは田中正造の創作であるとの指摘がされている。
(18) 東海林吉郎、菅井益郎『通史足尾鉱毒事件　一八七二〜一九八四年』（新曜社　一九八四年）

二二三頁。
(19)『栃木県史』通史編八巻　近現代三（一九八四年）七一〇頁。
(20)同前七一七頁。
(21)『近代足利市史』第一巻（一九七七年）一四二八頁。須永には『鉱毒論稿第一編　渡良瀬川全』（足尾銅山鉱毒処分請願事務所　一八九八年）の著作がある。
(22)『近代足利市史』第一巻一四三〇頁。
(23)『近代足利市史』別巻　史料編（一九七六年）一九頁。
(24)『栃木県史』史料編　近現代九（一九八〇年）「明治二十三年八月の大洪水」四五〇頁～四五二一頁。

第二章　鉱毒被害への対応

一、被災直後の動向

明治二三（一八九〇）年八月の大洪水により、河川流域の住民は多大な損害を被ることとなったが、その直後から河川流域の住民は被害の惨状を訴えるとともに、復旧のための活動に立ち上がった。

その最初とも思われる動きは、栃木県足利郡毛野村の早川忠吾が毛野村大字北猿田渡舟場上から採取した渡良瀬川の流水と、吾妻村大字高橋悪戸から採取した渡良瀬川の泥土とを、栃木県立宇都宮病院調剤局に持ち込み検査の依頼をしたことである（日時は八月下旬〜一〇月上旬と思われる）。早川は先述したように梁田郡梁田村の長祐之、足利郡吾妻村の亀田左平等と共に、この後「鉱毒対策の先頭に立っ」ていくことになる[1]。

彼らはいずれも士族や地方の名士の流れをくむ人々であったことも述べたが、この時早川は先述したように栃木県議会議員であり、亀田は吾妻村の村長であった。いずれも地域社会にあってはそれなりの地位にあるが、彼等が行動を起こしたのはそうした地位にあったことと無関係ではなかろう。

そのような詮索はひとまず置くとして、早川の依頼に対して県立宇都宮病院調剤局長の大沢駒之助は、一〇月一四日付で前者の水質には亜硝酸、銅、安謨尼亜等、また後者の水質には弱亜児加里性の反応があり、硫酸、安謨尼亜、亜硝酸、銅等が含まれており、(2)「飲用に適し難きものと認定す」との回答を示した。(3)大沢は単に結果を伝えたに過ぎなかったかもしれないが、少なくとも早川に不利な判定でなかったことは確かである。その結果は『下野新聞』一〇月二一日付に「渡良瀬川水泥分析の成績」として報じられたことにより、(4)広く県の内外に知られることとなった。

この他、一二月二三日に安蘇郡植野村では、福地政八郎他八名が助役と連名で栃木県知事宛に「本年八月中ノ洪水以来ハ作物ノ凋衰実ニ著シク……来春ノ収穫見込無」いが、それは洪水の際に流出した「有害物ヲ含有スルモノナルヤ判然仕ラス」ため、「原因実地御検査ノ上御取調下度」とする要望書を提出していた。(5)さらに植野村の有志は泥土分析を県立宇都宮病院に依頼したのである。(6)

『下野新聞』には水泥分析の結果を報じられるよりも前から長祐之が投書をしていた。長は東京専門学校の学生であるから、在京中と思われるが、自らの故郷の惨状を危惧するところが大であったのであろう。長の投書は一〇月一一日付の「足尾鉱毒を如何せん」、一二月八日付の「足尾鉱毒に就て渡良瀬川沿岸の士民に訴う」と続けてみられる。

一〇月一一日付の「足尾鉱毒を如何せん」によれば、渡良瀬川流域の住民たちの生活権を「公益」とし、その一方で、個別利益を追求する資本家つまり古河を「私益」として区分する。そして「古河市兵衛氏の採掘に従事せし以来一美流は変じて知らず知らずの間に又一の毒流に化した」が、その原因こそは「最も恐るべき最も有害なる」銅滓と丹礬であり、「之を水源に流失せしの致す所(7)」が鉱毒被害の元凶であると追及した。

また、一二月八日付の「足尾鉱毒に就て渡良瀬川沿岸の士民に訴ふ」では、「余は常に安寧幸福の一部局少数人民のために専有せらるるを悪」み、「其罪を謝せしむるを以て吾人の本分と確信する」ものである。その自分も「異郷のものにあらざる」ので、鉱毒被害に喘ぐ渡良瀬川流域の人々に対し、「帝国の臣民にして安寧幸福は平等均一に享有すべきものたるを知」るべしと説くのであった(8)。

長は『下野新聞』に投書を続ける一方、被害住民たちが流域河川の「分析の義に付種々之を依頼する人なきに苦」しんでいたため、在京の立場を活用することで、それまで「常に民間の依頼に応じ来りし」農商務省地質調査所（以下適宜地質調査所とする）に対し、「畑土並びに流水の定量分析」を要請した[9]。

地質調査所は明治二四（一八九一）年四月二二日付で「問合之趣領承、然ルニ右分析之儀ハ当所ニ於テ依頼ニ応ジ難ク候間、右様承知有之度此段通知候也」とする、事実上の回答拒否を長に突き付けることになった[10]。

地質調査所には検査に「対応できる研究者」が「多少いた」にもかかわらず[11]、拒否されたことに対して、長は「何故に……此の如き回答ありたるや疑いなきにしもあらず」との感慨を漏らしていた[12]。その感慨には当初僅かであっても期待する結果が得られるのでは、との希望的予測が込められていたようにも思われる。地質調査所からの回答拒否という結果は長や早川等の意に反したものであったが、一縷の望みを断たれた長たちは、その直後から次の行動へと駆り立てられていくことになる。

これに対して、農業技師として栃木県庁に勤務していた佐藤義長（東京農林学校卒）によると、これまでとは異なった経過を見せている[13]。まず明治二三年に被災民たちは足尾銅山に対して被害を訴えた。その日時は不明であるが一〇月頃と推測される。ところが門前払いとなったため、今度は県庁に対し調査を迫った。栃木県会でも足尾銅山の鉱毒が問題となっていたため、被災民の要求を受け入れ調査に乗り出すことになった。当時はまだ県に農事試験場のなかった時代であったため、被災地の土壌数種を農商務省に送ったところ、農商務省から「供試土壌中に銅成分は少しも含有せず」との回答が届いた。ここでは農商務省に対して被災民が直接交渉したのではなく、県庁が介添をして折衝したことになるが、いずれにせよ被災民側が回答拒否にあったことに変わりはない。

佐藤はその回答に対して「非常に怪訝の感に打たれ」たため[14]、直ちに上京して農商務省地質調査所に赴き、「銅の毒性においては造詣の深い[15]」農学者のマックス・フェスカを尋ねた(日時は不明)。フェスカは明治一五(一八八二)年一一月に農商務省の招きでドイツから来日していたのであるが、フェスカが鑑定したところ、供試土壌には多量の銅成分が含有していることが判明した。佐藤はその分析表を謄写しようとしたところ、フェスカは「損害賠償などの紛争事件を惹き起す恐れある」ため分析表の公表を拒否した。そこで、佐藤は学術研究に利用することを条件にしたところフェスカは許可したが[16]、このことからフェスカも自身が極めて微妙な立場にあることを察して

マックス・フェスカ

いた様子が窺える。

　フェスカは来日後、政府顧問として地租軽減やプロシヤ型大農法論を提唱したり、地質調査所に在職中は土性調査の事業を担当するなど、鉱工業、建設業等の分野にかけて多大な貢献をした。明治一六年に日本の石灰質肥料に関する研究を発表したほか、邦文でも多数の論文を発表して農学の発展に貢献した。さらに『日本農業および北海道殖民論』（明治二〇年）のほか『地産要覧図』（明治二二年）、『日本地産論』（明治二四年〜明治二七年）等の著作を残し[17]、明治二八（一八九五）年に帰国している。

二、行政当局の処置

　長や早川そして亀田等のその後の行動については改めて述べることにして、以上のことから行政当局でも被害民の訴えに対応を迫られていたことは明らかである。というより、彼らの動向が行政当局を動かしたと考えるべきであろう。そこで、県庁以外の行政側の対応についても見ておきたい。

　例えば亀田が村長を務める足利郡吾妻村では明治二三年一二月一八日に臨時議会を開催し

て、同月二七日付で上申書を折田平内栃木県知事（元警視総監）に提出することとなった。吾妻村は「元来最も肥沃の地で従て被害の最も顕著」でもあったといわれていたのであるが、[18]その上申書によれば「謹テ知事閣下ニ申ス」として、吾妻村の住民の生活は足尾銅山の操業により「困難一方ナラズ、茲ニ臨時村会ノ決議ニ拠リ」以下の事実を「申仕候」とする書き出しから始まっている。そして、吾妻村では十分な手入れを行い、まさに出穂しようとした矢先に「一朝出水アリ田面ニ侵入スルヤ」足尾銅山の鉱毒被害に見舞われ、農産物はいうに及ばず植物や魚類に至るまで「大害」を蒙ることとなったと述べ、以下具体的な被害状況を五点に纏めて列挙している。

その被害状況について摘まんでみておくと、例えば「明治二十一年ヨリ今年（明治二三年——引用者注）ニ至ル未曾有ノ違作ニ際会シ一粒ノ収穫ヲ視サルノ不幸ニ至ル」ことが「之レ其一」。「本村畑作ハ大小麦菜種之レナ」るが、「近年……該澱土ノ有害ナルカ」ため、「生育ノ景状ナク……幸ニシテ枯死セサルモ成育鈍ク為ニ年々収穫ヲ減」じていることが「之レ其二」。そして、養蚕業も洪水のために「枯損木ト成リシ者少ラス、且昨今ノ植附ノ分ハ更ニ根附カス悉ク枯木トナリ僅カニ十分ノ一二ヲ余スノミ」が「之レ其四」であり、「魚族ノ減尽シタル」ため「現今僅カニ十四人ノ漁業者アルノミ」で「之レ其五ナリ」とある（「之レ其三」は略す）。そこでは、各種の産業に対して具体的な被害状況が述べられ、惨状が告発されていた。[19]

村議会は吾妻村の他下都賀郡三鴨村、同郡谷中村、安蘇郡界村でも開催されていた。三鴨村、谷中村、界村等は「挙つて」足尾銅山の鉱毒が「流失せしめさるやう厳重なる談判を遂げ、若し聞かれずんば法律の力を仮りて素志を達せんと決心」した。三鴨村ではさらに臨時村議会が開かれ議決書及び理由書を公にした。[20] また、谷中村でも一一月に村議会が開催され、足尾銅山に対して損害賠償と製錬所の移転を求める村議会決議を採択した。[21] 谷中村ではさらに群馬県邑楽郡除川村他数カ村、栃木県下都賀郡藤岡町、界村、三鴨村他数カ村に対して、この決議に同意して共同歩調を取ることを求めた。[22]

なお、吾妻村から一二月二七日付で折田栃木県知事宛に提出された上申書は、翌明治二四年一月一四日付で県知事から農商務省鉱山局長の和田維四郎宛に「参考」として提出されている。そこには「此害毒タル全ク足尾銅山ノ鉱毒ニ起因シタルヤ否判明不至」ため「不日御省地質調査所へ依託分析ヲ請ヘ果シテ鉱毒ニ帰スルモノトスルヘキハ其被害地広狭等調査」とあり、さらに「土砂到着ノ上ハ速分析ノ上何分ノ御報相成候様篤ク御配慮ニ預リ度」と添書されていた。[23]

そこでは、栃木県から地質調査所に「依託分析」が予定されているが、栃木県から県立宇都宮病院調剤局には検査の依頼はなかったのであろうか。宇都宮病院は栃木県立であるから、まさしく自前の施設である。考えられることは、先に早川が県立宇都宮病院調剤局に検査の依頼をした際、飲用に適さないとする判定が下されていたことに関係があると思われる。県立宇都宮病院では単に結果のみを伝えたものであり、立場としては公平であるとしても、その判定は栃木県側の意向に沿うものではなかったからではなかろうか。

ただ栃木県でも足利郡緑町、安蘇郡植野村、下都賀郡谷中村に薬局長を派遣し、河川の水質検査を行ってはいた（各町村のどの場所から採取したのか具体的には不明）。しかし結果については「内密の趣にして」公表されなかった。[24] それは結果が栃木県にとって思わしくなかったためであることは容易に想像がつく。また、農商務省でも「世上ノ大問題トナラサル以前」の明治二三年一二月中旬、主務官を足尾銅山に派遣して視察をさせていた。その際「鉱業人ハ鉱業上為シ得ヘキ予防ヲ実施」したほか、アメリカやドイツから三種類の粉鉱採取器を購入した。そのため各種の予防機器は合計すると二〇台にもなり、「一層鉱物ノ流失ヲ防止スルノ準備ヲ為セリ」としていた。[25] 予想される鉱毒批判に対処すべく、農商務省としても早めに手を打っていたことになる。

この間、栃木県議会では明治二三年一二月、中山丹次郎県議会議長から折田平内栃木県知事宛に、「害毒除去ノ方法ニ関シ適当ノ処分アランコトヲ」求める「丹礬毒ノ義ニ付建議」が提出されている[26]。これは鉱毒被害地より選出された早川忠吾のほかに、山口信治、川島長十郎、新井保太郎等、計一〇人に及ぶ県議会議員の働き掛けによるものが大であった[27]。翌明治二四年四月三日、吾妻村では「本年度麦菜種ノ作物ハ一粒ノ収穫ヲ得ザルべ」き状況となったため、「渡良瀬川沿岸ノ不幸ヲ挽回シ相当ノ収穫ヲ得テ普通ノ生活相立ツルノ御処置アランコトヲ希望」すべく再度県知事に上申書を提出した[28]。

また、群馬県議会でも明治二四年三月二〇日、宮口二郎県議会議長から佐藤与三県知事宛に、足尾銅山の鉱毒被害に対して「精密ノ調査ヲ遂ゲ、果シテ有害ノ恐アルニ於テハ、之レカ救済ニ於ケル相当ノ御処置被成下度、此段議会ノ決議ヲ以テ及建議候モノ也」とする建議書が提出された[29]。栃木県でも群馬県でも県議会からの請願に対して、重い腰を上げざるを得なくなったのである。そこで栃木県では明治二四年四月一三日に知事が安蘇郡、足利郡、梁田郡等を巡回した。そして、四月一六日に臨時常置委員会を招集し、鉱毒被害の実態調査に乗り出すことになった。

六月になると、栃木県では県下の下都賀郡谷中村大字下宮、安蘇郡植野村大字船津川、足利郡吾妻村大字下羽田、毛野村大字大久保、梁田郡山辺村大字朝倉、久野村大字野田の六カ所に鉱毒試験田を設置して、帝国大学農科大学（→東京帝国大学農学部→現東京大学農学部→以下適宜東大農学部とする。変遷に関しては後述する）の古在由直助教授、長岡宗好助教授に流水と泥土の調査を委託した。その伏線に佐藤が農商務省からの回答を不服とし、折田県知事に働きかけていた経緯がある。[30] 古在や長岡は東大農学部卒業の同窓でもある佐藤と共に（六二頁を参照）、この後被災地の調査に同行することになる。

群馬県ではこれより先の三月に、新田、山田、邑楽の三郡にまたがり、渡良瀬川から引水している待矢場両堰水利土功会という用水組織が「足尾実況取調の議」を可決して、四名の調査委員を選出すると、四月から水質調査を行った。そして、一二月になると採取した鉱毒土砂を、帝国大学医科大学（現東京大学医学部）助教授で薬学が専門の丹波敬三に分析の依頼を行った。その結果、丹羽は「銅が被害の原因で、その源は足尾銅山にある」との見解を発表したのであった。[31]

群馬県としてはさらに六月東大農学部に対し、また七月農商務省に対し、それぞれ耕地被害の原因と除毒法の研究を依頼した。東大農学部では栃木県と同様に群馬県からも同じ時期に要請を受けたことになる。東大農学部ではいずれの県に対しても、古在と長岡が応対することになった。一方、農商務省では坂野初次郎技師が応対することになった。古在と長岡、そして坂野の対応については、それぞれの経歴と併せて後述することにしたい。

なお、早川の「上京報告」（明治二四年五月一八日付。宛先は不明）によれば、「農商務省より坂野技師の出張あること」とあることから、栃木県でも農商務省宛に被害調査依頼があり、それに対して農商務省では坂野を出張させていたことが読み取れる。このことから栃木県でも群馬県と同じく東大農学部と農商務省の両方に検査依頼をしていたことになる。そして農商務省では栃木県でも群馬県と同様、坂野を応対させることになったのであるが、栃木県の場合農商務省への検査依頼がどの時点で行われたのかは、「上京報告」の文脈から確定することは出来ない(32)。

三、長祐之、早川忠吾の活動

既述したように長、早川そして亀田等が次の行動を起こしたのは、地質調査所からの回答拒否があった後の明治二四年五月一日であった。同日、吾妻村、毛野村、梁田村の有志は毛野村に集まり「熟議を遂げ調査の方針を評決」した。その方針には三点あった。一点は足尾銅山に出張して鉱毒流失の起因を実地に探求すること。二点は鉱毒を含む土砂を東大農学部に運び、分析をして貰うとともに救済策を伝授して貰うこと（この点に関しては後でコメントをしたい）。三点はそれにかかる費用は三村の有志者による義援金で賄うこと等であった。[33] この取り決めに従って、長は足尾銅山へ、早川は東京へそれぞれ赴いた。

長の行動については「足尾銅山巡見記」（『下野新聞』明治二四年五月二〇日付）に、早川の行動については先述した「上京報告」（五月一八日）にそれぞれ纏められているので、それらに依拠しつつ彼らの動静を明らかにしよう。

まず「足尾銅山巡見記」によれば長は翌五月二日に足利村を出発し三日に足尾町に到着している。そこに二日間滞在して五日になると足尾銅山に向かった。途中は「一の立木なく又一の緑草なく土砂壊るるか如」き光景が広がっており、それは「冬日の焼野に異な」らないものであったが「是れ鉱業の盛運に伴い薪炭の需要に応し森林伐採の結果に外なら」ないとの感慨を抱いた。

長は翌六日に足尾町長の長真五郎と「手を携へ」て足尾銅山の事務所を尋ねると、戸田と名乗る事務員が応対した。戸田によれば、渡良瀬川流域の住民は被害の原因を足尾銅山の「不取締に帰する」としているが、それは「大に事実を誤るもの」であると反論した。というのは、足尾銅山を開発したのは古河が最初ではなく、慶長年間から採掘されている。そのため、農作地に鉱毒被害が及ぶのは「当時の開鉱者」の責任であるから、古河側に責任は無いというものであった。(34) この反論に対し長は足尾銅山側が「実に冷淡」であることを感じ取り、これ以上の会話は「無要」であると判断した。(35)

一方「上京報告」によれば、早川は梁田村、吾妻村の沈殿士と移植三年の桑樹を携帯して上京した(日時は不明)。そして地元の栃木県佐野の出身で国会記者をしている村田誠治に面会し、志賀重昂への仲介を求めた。札幌農学校の出身で、後に第一次鉱毒調査委員会の委員となる志賀は、この時村田と同じく国会記者をしていた。志賀に紹介を求めたのは、その経歴から化学の知識があると推察したためではなかろうかと思われるが、志賀への接触理由はよく分からない。

早川は志賀に対して、栃木県庁では農商務省から坂野技師を、東大農学部から長岡を派遣して貰い実地調査に着手しているものの、(36)「地方人民は二氏の調査を以て足れり」としていない。そこで、「学理に依り公平無私情実に流れず、精密の調査をなすの学士を指名し」て貰いたいとの意向を志賀に伝えた。早川は長岡と坂野の二人に対して疑念を抱いていたというよりも、二人への依頼がいずれも県庁ルートであることに疑念を抱いていたのではないかと思われるが、この点に関しては後で述べることにしたい。

応対した志賀は「地質上の調査は精密」さが必要であるとの理由で、東京高等師範学校(現筑波大学)教授の大内健を紹介した。大内は元治元(一八六四)年に江戸の小石川で生まれ、駒場農学校農学科の二期生として卒業している。同学年には後述する横井時敬や沢野淳等がいたが、その中でも大内は「卒業生中甲等ノ上位ニ……名アル」ほどであった[37]。さらにこの年つまり明治二四(一八九一)年一月に農学会(詳しくは後述する)から『興農論策』が発表され農学の研究・教育機関の整備が要望されたが、大内は横井時敬や古在由直等とともにその起草委員の一人に名を連ねていた[38]。ちなみに、農商務省に勤務していた大内を東京高等師範学校の教授に抜擢したのは森有礼文相(第一次伊藤博文内閣)である[39]。

早川は志賀からの紹介状を携えて大内を尋ねると、大内は授業時間のため「長談は障りなるとのことだった。そこで、早川はとりあえずそれまでの「大略」を述べると、大内は「公平無私決して情実に陥るが如きこと」のない人材として古在を紹介した[40]。

早川は大内からの紹介状を携えて、今度は駒場にある東大農学部の官舎に古在を尋ねることになった。当時の駒場は渋谷の宮益坂から田畑や林間の細道を抜けて行くため、「隔離された一部落」のようなところで、そこから「神田区まで出るには三時間以上も歩」く必要が

あった。そのため、教官は官舎住い、学生も寄宿舎住まいということになる。(41)

古在は早川から訪問の趣旨を聞くと、栃木県と群馬県からの依頼に対して、既に東大農学部では長岡助教授を被害地に派遣して調査中であるから、何故改めて「遠路上京」する必要があるのかと質問をした。

それに対して、早川は数年前から魚類が絶滅し、農作物の被害も「見るに忍びざるの惨状を呈して」いる。そのため、栃木県からは調査費が支出されており、また農商務省でも坂野技師を出張させて調査をしているが、農商務省は「行政庁なれば地方人士の目的を達するに迂なるの思あ」るのに対して、東大農学部は「公平無私なる見識を以て学問上の探究あらんことを望むに若かずと信じた」ので、「遠路上京」したと返答した。

早川の言動の端々には農商務省に対する根強い不信感が漲っているように思われる。さらに早川は農商務省が「調査の実績を公然報じた」場合には、おそらく「農民暴発の虞あるやの思をなす」かもしれない。そのため、農商務省に「一任せんより」は、東大農学部に「委託して「沈殿土の分析を得るに若かさる意見を陳弁余す所なく」」語り掛けた。さらに長岡助教授が調査に取り掛かっているから、「殊更に分析を要するに及ばず」とするのであれば、「余は己を空しくして帰国」しなければならないため「此義如何」と古在に再度問い質した。

そこで、古在は早川の見解に対し、長岡助教授に「耕地の土砂各種携帯し来れと命じ」てあるので、帰京次第試験地を設定して「之れを試作するの準備を目下なし居れり」状況である。また、地方に居住する人々が「農科大学の分析を信ずる」のは「決して故なきにあらざるべ」きことから、自ら「進んで其労を辞せず、速に分析を報告す」る。そして、その報告を早川が「同志者に示さざるを得」ない「責任を帯びざるを得ず」と思われるが「如何」と問うた。

早川はその問いに対していうまでもなく「諾」と答えたが、古在は「其分析を引受くる以上は其の覚悟なればなり」として、さらに「学校内に試験地を設くるよりは被害地に試験地を定め、随時派出して監督するならば校内の試験地に優るべし」と述べた。早川はそれに対しては最もであると答えたが、続けて古在は校内の試験地は長岡助教授が運び込む「土成分より模造するもの」である。そのため、現地とは「気候に至ては人為に能はざるところなり」と主張した。つまり古在の主張によれば、現地と東京では気候条件が異なるため、正確な分析結果を得るには自ら現地に足を運ぶ必要があるということであった。

それには当然のことながら出張旅費が必要となるが、大学の旅費には制限があるため、頻繁に出掛けることは出来ない。そのため、「相当の手続き以て旅費を支弁し特派を請求する」

のであれば「之に応ぜらるる」と述べた。それに対して、早川は「応ずるも妨げなし」と述べ、漸く「数度応答の末」に四種の土砂を「委託」し、「分析の報告を約して」郷里に戻ることとなった。(42)

栃木県、群馬県から東大農学部へ、すなわち古在のところに検査依頼があったことは述べたが、それに加えて有志の検査依頼も古在に行き着くことになったのである。この頃古在は二六歳、まだ青年と呼ぶに相応しい年齢であったが、既にこの研究分野では第一人者の風格を備えていたことになる。

古在からの返事を早川や長等は「一日三秋の思い」で待っていた。そして、ついに六月一日付で早川、長、亀田そして「其他諸君」宛に返信が届いた。それによれば「過日来御約束被害土壌四種調査致候処悉く銅の化合物を含有致し被害の原因全く銅の化合物にあるか如く候」と述べ原因が鉱毒にあることを示唆していた。その際「其果たして然るや否は実地上の試験を遂けされは断言はいたしかたく候」との補足があった。「実地上の試験を遂けされは」としたその補足は早川が古在に面談した際、古在が早川に駄目押ししたことでもある。古在はより正確なデータを必要としており、それこそが原因を究める確実な根拠となることを確信していたのであろう。さらに「別紙」として、分析の結果並びに被害圃の処置法についての説明が記載されていた。

先に農商務省地質調査所からの回答拒否（四月二二日付）にあった早川や長等は、その時の回答拒否に対して「此の如き回答ありたるやの疑いなきにしもあらず」と述べて、疑念と戸惑いの感情を表わしていたことは述べたが、古在から土壌分析の報告を受けたこの段階では、地質調査所から回答拒否にあったことに対して、「今は……吾人の望みも亦大に充たすことあり」て、「論ずるの必要なきを以て唯観るものの参考に供するに過ぎざるのみ」と述べるほどに、気持ちの余裕が見られた。(43)

では、古在から添えられた「別紙」を見ておくことにしよう。古在はまず持ち込まれた四種類の土砂を調査したが、そこには足利郡吾妻村大字下羽田で採取した土砂も含まれている。その採取地は栃木県が設定した鉱毒試験田の一つでもある。早川の採取地の選定が意図的なのか偶然なのか、いずれとも判断し難いが同一地であることは間違いない。そこではさらに分析した酸化銅の分量を表示し、当該地に植物が生育しないのは「恐くは土壌中銅化合物」が存在していることが原因であるが、「然れども其果して然るや否やを断言する」ためには「実地の試験を遂げざるへからず」と結論付けていた。

そこで述べられている「実地の試験」については早川との面談の際にも、また補足の中でも述べられていたが、「別紙」でも再々度同じ見解を繰り返して強調していたことになる。それは真理の探求に飽くことなき姿勢を取り続ける研究者としての鍛練によるものでもあったと考えられる。この点に関しては後述することにしたい。

それから、古在は早川に対し取り敢えず応急処置として、多量に石灰を施して土地を深く耕すこと。また豌豆、蚕豆、蕓薹、小麦のような「深根植物」を工作すること。移植に堪える作物を植えること。そして、石灰の他にも従来慣用している肥料を撒くこと等々を説き、これらの作業をすることによって「多少被害の度を減殺す」ることが出来ると指示したのであった。(44)

早川は古在の説明に接するまで、渡良瀬川流域の農作物が不作であるのは、気候の変動によるためかもしれない。あるいは「耕耘の道完からざるに由るなりとの妄想を懐くものあれど」も、この報告書に接し「釈然として大いに悟る所あるに到る」と述べていた。とはいえ早川が農作物の不作の原因が気候変動によるものと認識していたとは考えにくい。そこには恐らく、古在の報告書が的確な判定を下していたことをアピールするとともに、古在の配慮に対する謝辞の意味が込められていたのではなかろうかと思われる。(45)

ところで、コメントをしておいたように、長や早川が当初取り決めた行動パターンの一つに、「鉱毒の存在する土砂を農科大学に輸し之を分析せしめ、併せて救治策の攻究を」して貰うことがあった。これによれば当初から東大農学部に古在を尋ねる筋書きが作られていたことになる。しかし、実際には幾重もの伝を頼って、漸く最後ともいうべき段階に至って古在に辿り着いている。つまり、最初から古在を尋ねることが企画されていた訳ではない。したがって、この行動パターンは当初の取り決めというよりも、結果から組み立てられた筋書きと考えるべきではなかろうか。

四、古在由直の経歴

では古在はそれまでどのような人生を送っていたのであろうか。その経歴を安藤円秀編『古在由直博士』所収の「略年譜」、同『農学事始め』、さらには熊沢「古在由直博士と足尾銅山鉱毒事件」第三章「古在博士寸描」等に依拠しつつ触れておきたい。

古在は元治元（一八六四）年一二月二〇日、近世陽学（陽明学カ）の権威である春日潜庵の高弟で、京都所司代の与力であった柳下景由と、同じく潜庵門下の古在卯之助の妹である良子との間に生まれ、幼名を省吉と称した。柳下には前妻との間に二女がおり、良子とは再婚である。古在（柳下省吉）は柳下にとって初めての男の子ということになる。その後、古在家では明治四（一八七一）年当主の卯之助が没したため、明治六年にまだ幼少であった古在（柳下省吉）が母方の古在家を継ぐことになった。

古在由直

古在は中学生の頃、京都府で優秀な生徒を海外に留学させる制度があり、その留学生に選ばれる程の秀才であった。明治一三（一八八〇）年に至って母親を郷里に残し、軍人となるべく上京した。一六歳の時であった。ところが、身長が不足していたため不合格となり、一旦帰郷することになった。翌明治一四年再び上京して、新聞記者を目指して築地英語学校（現明治学院大学）に入学する。その際、寄宿先の友人が駒場農学校を受験するため、古在にも受験を勧めた。古在は当初「百姓の学校などに行くものか」と拒否していたが、[46] もともと英語と漢文には自信があったところに、試験科目に「志望の英語」があったので、実力を試すのには良い機会と捉らえ、駒場農学校を受験することになった。

ちなみに、駒場農学校は明治七（一八七四）年内務省勧業寮内藤新宿出張所の中に農学修学場が設けられたことに由来する。明治一〇（一八七七）年一〇月農学校に改称、一二月に駒場種芸所跡地（現東京大学教養学部の所在地）への移転を機に、駒場農学校と改称することとなった。その後、明治一九（一八八六）年七月、東京府北豊島郡滝野川村西ガ原（現北区）にあった東京山林学校（明治一五年一二月創立。初代校長はドイツのエーベルスワルデ山林学校に留学経験のある松野礀）と合併して東京農林学校となる（東京府荏原郡上目黒村地内駒場野）。初代校長は当初高橋是清の予定であったが、高橋がペルーへ行くため前田正名が就任する。その後前田が農商務省農務局長となったため、駒場農学校の校長をしていた前田献吉が就任することになる。同校の幹事には東京山林学校の幹事だった奥田義人が就任する。[47] 奥田は後述する第二次鉱毒調査委員会の委員長である。

その後同校は明治二三（一八九〇）年六月農科大学として帝国大学に統合されて、帝国大学農科大学と称した。初代の農科大学長（農学部長のこと）は松井直吉（第七代の東大総長）である。この際所属が農商務省から文部省に移管される。そして、大正八（一九一九）年東京帝国大学農学部となる。したがって、早川が古在のところを尋ねた時は、東京農林学校が農科大学として帝国大学に統合された翌年ということになる。

駒場農学校受験の結果は古在が三番、受験を勧めた寄宿先の友人が一三番の合格順位であった。こうして、古在が駒場農学校普通科に入学をしたのは明治一四（一八八一）年九月のことであった。翌々年の明治一六年駒場農学校農芸化学科に入学することになる。農芸化学科が設置されたのは明治一四年であるから、古在は駒場農学校草創期の雰囲気を味わっていたことになる。

明治一九年に駒場農学校と東京山林学校が合併し東京農林学校となることは述べたが、その年古在は農芸化学科を卒業した。農芸化学科は明治一六年に最初の卒業生を送り出していたので、古在は四期生ということになる。同期生は古在を含めて五人であった。翌明治二〇（一八八七）年四月東京農林学校の助教授、翌々年の明治二二年に教授となり、農科大学として帝国大学に統合される明治二三年に帝国大学農科大学助教授となる。

そして、明治二五（一八九二）年一〇月に清水貞幹の三女豊子（作家・筆名清水紫琴）と所帯を持つことになる。古在二七歳、豊子二四歳であった。豊子は明治元（一八六八）年に岡山県で生まれ、京都府立第一高等女学校を卒業後に女性解放運動家として活躍をしており、古在は兄の友人にあたる。

五、駒場の人脈—その一　オスカル・ケルネル

古在が農芸化学科の四期生であることは述べたが、成績優秀だった古在は卒業後母校に残ることになった。駒場では多くの人脈と繋がりを持ったが、強く影響を受けた一人に指導教官のオスカル・ケルネル（化学専攻）がいる。

ドイツ人のケルネルは明治一四（一八八一）年一一月、明治政府の招きで駒場農学校の農芸化学の主任として来日した。その当時は三〇歳を少し越えた「青年学者」で、「単身日本に来られたので」あった。[48] 先述したフェスカ（農学専攻）もドイツ人であるが、それは単なる偶然ではない。というのは、明治政府は当初、外国人教師をエドワルド・キンチ（農芸化学専攻）、ジョン・アダム・マックブライト（獣医学専攻）、ジョン・デイ・カスタン（農学専攻）等イギリスから招聘したが、ヨーロッパではドイツが「化学的研究の中心」であることが明らかとなった。とりわけ、農芸化学、植物化学、動物化学、発酵化学等の分野では、多数の研究成果が研究誌や報告書として発表されており、学術研究の「大なる発展」を見せていたのである。[49] こうした情勢から、ドイツの日本公使館に勤務していた内務省勧農局長の品川弥二郎の主導により、明治政府はイギリスからドイツへと教員スタッフの転換をしたの

である。(50) フェスカやケルネル等が招聘されたのはそのためであった。

ケルネルは明治二五（一八九二）年まで一一年間日本に滞在した。ということは、駒場農学校、東京農林学校、帝国大学農科大学への変遷を体現したことになるが、ケルネルは「最早ドイツに帰」っても「身を置く場所もない」ため、日本人の河瀬留子を妻に迎え長く日本に滞在する覚悟でいた。(51) その間一度ドイツに帰国したことがある。それはエナ大学の農芸化学の教授に迎えられる話があったからであったが、ケルネルは「断然之レヲ辞シテ」日本に戻っていた。(52)

ところが、明治二五年の春ドイツのメッケルン農事試験場長で著名な農芸化学者であったグスタフ・キーンが死去したため、その後任の場長としてケルネルが推挙されることになった。メッケルン農事試験場は一八五一年に創設されたドイツの中で最も歴史のある農事試験場で、イギリスのロサムステット農事試験場に次いで資金が多く、機械も完備されており「其比ヲ見ザル所ナリ」と言われていたほどであった。ケルネルは当初日本に留まるつ

オスカル・ケルネル

もりであったが、メッケルン試験場にはケルネルの関心が深かった家畜営養試験の設備が充実していたこともあり、[53]「本国先輩ノ切ナル勧誘ハ層一層氏ニ迫リ来リシ」ため、「止ムナク帰航ノ意ヲ」決めたのであった。[54]

滞日中のケルネルは東大農学部で、植物栄養、土壌、肥料、養畜、酪農、農産製造等広く農学全般に亘って講義を行った。ケルネルは家畜飼養が専門であったため、当初その方面に力を入れるつもりでいたが、当時の日本ではまだ畜産が主要な産業となっていないことから、主として米麦作特にその肥料に関する研究に重点を置いた。

その際、農学は理論を教えるだけではなく「実地の分析に重きを置いて指導すべき」であると説いていた。そのため、稲の栄養に関する実験を進めるにあたり、実験方法として水耕法が採用された。その実験方法は日本で最初の試みであった。さらに、駒場の水田土壌に燐酸が欠乏していたことから、水田土壌における燐酸肥料の重要性を説いた。それはまさしく実地教育でもある。また、土壌中の肥料の有効化の割合、合理的施肥基準の確立等を行うことで、重ねて実証的な研究方法の必要性を説いたのであった。[55]

ケルネルが説くこの実証的な研究方法こそ、先述の早川との会話の中で、古在が何度も繰り返し強調した「実地の試験」に繋がる研究方針にほかならない。古在はケルネルの研究理念をしっかりと受け継いでいたのであった。

実証的な研究方法を説く一方で、ケルネルは研究者の養成にも尽力した。古在はその薫陶を受けた一人であったことはいうまでもないが、卒業後はケルネルの補助者として重要な役割を担っていくことになる。当初、ケルネルの補助的な役割、というより主席的な役割を担っていたのは、古在ではなく吉井豊造であった。吉井は古在より農芸化学科の一学年先輩にあたる。ところが、吉井は札幌農学校に農芸化学科の講義が開設されると、指導的な役割を担うべく赴任していった(56)。そのため、その役割が古在に回ってきたのである。古在のほか駒場農学校の卒業生で、古在の一学年下の森要太郎（農学科）、二学年下の長岡宗好（農芸化学科）等もケルネルの補助として加わった。

さらに、ケルネルは学生の中から優秀な論文を選び、ドイツ語に翻訳してドイツの学会の報告書に、あるいは英語に翻訳してイギリスの学会の報告書に寄稿した。それ以外にも日本の学術研究の成果をドイツ文のパンフレットとして作成し、本国に送付していた。そのほか日本人の「年少ノ農芸化学者」と農業に関する「緊急ノ問題ヲ研究シ」て「既知ノ理論ヲ応用シ未知ノ事実ヲ発見シ直接若クハ間接ニ」農学界に対して「莫大ナ利益ヲ与ヘタルノ」みでなく、「農事ニ関スル緊要ノ問題ヲ研究シ既知ノ理論ヲ応用シ未知ノ事実ヲ発見」すると、それを「泰西ノ諸学術雑誌ニ投シ為メニ農芸化学界ニ於ケル日本帝国ノ名ヲ泰西学者間ニ伝唱セシメ」ることになったのである。(57)

学生に対する指導方法は、学生が「非常なる熱心を以て研究に従事」させることにもなり、さらにケルネルの指導を受けた学生たちは「欧米科学の新知識紹介の役割」を担うことにもなる。(58)それは足尾鉱毒事件に対する古在や長岡の活動の一つの伏線となっていくことにもなるが、それに関しては次に述べることにしたい。

六、駒場の人脈――その二　沢野淳、長岡宗好、坂野初次郎、鈴木梅太郎

古在は恩師にあたるケルネルの薫陶を受けたほか、先輩や同僚にも恵まれた。これまでしばしば登場した長岡や坂野、そして沢野、鈴木等である。沢野は農芸化学科の第一期生であるから、古在の三年先輩になる。長岡は明治二一（一八八八）年に卒業したので、古在より二年後輩にあたる。また、坂野は明治二三年の卒業であるから、長岡より二年後輩になる。ビタミンB１の発見で知られる鈴木は明治二九（一八九六）年の卒業、古在より一〇年後輩ということになる。第五代の農科大学長（農学部長）を務める。

そのうち、古在のよき協力者であった長岡は慶応二(一八六六)年、江戸小石川にあった平藩の藩邸で生まれた。平藩は維新後福島県石城郡平町(現福島県いわき市)となるが、長岡は両親とともに明治四年から郷里で暮らすことになった。明治一一(一八七八)年長岡が一三歳の時、横浜の英和学校に入学し、そこに六年間在学した。卒業後の明治一六(一八八三)年一一月駒場農学校に入り、翌々年さらに本科に進み農芸化学を専攻することになる。そして、前述したように東京山林学校と合併して東京農林学校となった同校を、明治二一年に卒業した。長岡は在学中「味噌製造何に起る化学的変化の研究」に専念し、卒業論文も「実に此研究の結果に基きたるもの」であった。

長岡宗好

卒業後「幾はくもなく擢てられて」母校の助教授となり、明治二三に帝国大学農科大学の「制起るに及びまた選まれて」同大助教授となった。それ以来「育英薫陶の重任を負うこと十有余年其間最も力を入れたのは肥料学の研究であり、「就中鉱毒煙害稲作肥料の如き特に意を用いた」のであった[59]。

そこで言われている「鉱毒煙害」とは、長岡がまさしく足尾鉱毒事件に深くかかわっていたことを示すものでもあったと思われる。長岡は明治三〇（一八九七）年に設置された内閣の鉱毒調査委員会の委員に選ばれた。留学中のため不在だった古在の穴を埋める役割を担うことになるわけであるが、それについては改めて述べることにしたい。

長岡は明治三六（一九〇三）年から三年間ドイツ、フランス等に留学し、帰国後農科大学の教授に昇格して「将に大に為す所あらんとす」るも、「不幸病を得て起たず」明治四〇（一九〇七）年一二月に四二歳で死去した。駒場農学校、東京農林学校、札幌農学校の卒業生で在京の二七人を発起人として、明治二〇（一八八七）年に結成された農学会という農学に関する最初の学会がある。[60] 大内健が初代の幹事長であったが、その機関誌の『農学会会報』八一号（明治四一年）に長岡の特集を組んだ。そこでは「未だ大に驥足を伸ばすに至らずして没す不幸なる哉」として長岡の死去を惜しんでいる。[61]

坂野初次郎

また、古在の後輩の一人である坂野は、慶応三（一八六七）年加賀国江沼郡三木村（現石川県加賀市）に生まれた。(62) 明治一九（一八八六）年駒場農学校に入学したが、その年は東京農林学校となった年である。卒業は明治二三年であるが、その年は東京農林学校から帝国大学農科大学となった年である。いずれも切り替わり時に遭遇している。

坂野は卒業後、農商務省の農事試験場に入ったが、農事試験場が開設されたのは明治二六（一八九三）年四月であったから、その当時はまだ農務局仮試験場農事部の時代ということになる。ちなみに農商務省が設置されたのは明治一四年四月であり（初代農商務卿は河野敏鎌）、農事試験場の開設までに農務局の重要穀菜試作地の設定（明治一九年）、農務局仮試験場農事部の設置（明治二三年）を経ていくことになる。(63) その後、農事試験場では明治三二（一八九九）年に農芸化学、種芸、病理等七部制が敷かれると、坂野は初代の農芸化学部長に抜擢される。(64)

沢野淳

ところで、栃木県、群馬県から農商務省に水質検査の依頼があったことは述べた。農商務省では農事試験場（当初は前身の農務局仮試験場農事部）が対応したのであるが、主として坂野が「現地の土壌を用いて試験研究を行」い、沢野淳が協力する形を取った[65]。

沢野は安政六（一八五九）年に摂津国有馬郡の三田（現兵庫県三田市）で生まれ、駒場農学校を卒業した後母校に勤務したが、農事試験場が開設されると初代の場長に任命された。明治三六（一九〇三）年に大阪で開催された第五回内国勧業博覧会に出張中、病いのため死去した。沢野の後に第二代の場長に就任したのが古在であった。

長岡は明治四〇年に、沢野は明治三六年に、田中正造をして「大恩人[66]」といわしめた坂野も同年に死去している。足尾鉱毒の実態解明にかかわった優秀な農芸化学者が、続けて比較的若く死去したことになる（沢野の死因は若干異なる要因もあるが）。そのことは単なる偶然とも思われない。というのは「硫化水素ガスは極めて人体に危険な呼吸毒である」ため、「多数の試料分析を行うことの危険性と困難さは十分に察しがつく」との指摘があるように[67]、激務による体力の消耗に加え、毒素を含む泥土や水質の検査による人体への悪影響があったことが推察されるからである。

（1）『通史足尾鉱毒事件　1877～1984』二八頁。
（2）『栃木県史』通史編八巻　近現代三（一九八四年）七二〇頁。

（3）『近代足利市史』別巻　史料編　鉱毒（一九七六年）六二二頁。
（4）「渡良瀬川水泥分析の成績」（『下野新聞』明治二三年一〇月二一日付）栃木県立図書館所蔵。『栃木県史』通史編八巻　近現代三の七二〇頁にも引用されている。
（5）『足尾銅山ニ関スル調査報告書ニ添付スヘキ参考書』二　第四冊　一七頁～一九頁。
（6）『足尾鉱毒事件研究』三三頁。植野村の有志が県立宇都宮病院に検査依頼をしたことと、県知事に請願したことを直接結びつける根拠は見いだせないが、一連の流れとして把握出来るのではなかろうか。
（7）『栃木県史』通史編八巻　七一七頁。
（8）『栃木県史』史料編　近現代九（一九八〇年）四五二頁～四五四頁。
（9）『栃木県史』通史編八巻　七二二頁。『資料足尾鉱毒事件』二一九頁。
（10）『近代足利市史』別巻　史料編　五四頁。
（11）『栃木県史』史料編　近現代九　四一頁。
（12）『資料足尾鉱毒事件』二一九頁。
（13）佐藤については三好信浩『増補版　近代日本農業発達史の研究』（風間書房　二〇一二年）の「佐藤義長」の項（一六七頁～一七一頁）を参照。
（14）佐藤義長「鉱毒事件と横井博士」（『農業教育』三一六号所収　一九二七年）三四頁。この論稿には日時の記載がないため、行動の具体的な日時の特定は出来ない。
（15）『近代農学の黎明』七二頁。

(16)「鉱毒事件と横井博士」三四頁。
(17)『近代農学の黎明』二七頁。日本農業発達史調査会編『日本農業発達史』九巻(中央公論社一九七八年)四七頁。
(18)木下尚江編『田中正造之生涯』(一九二八年)九七頁。
(19)『栃木県史』史料編九巻四五五頁~四五六頁。
(20)『栃木県史』史料編九巻四五三頁。なお、三鴨村の臨時村会の記事は『下野新聞』の一二月八日付であるから、臨時村会の開催時期は吾妻村より早いことになる。
(21)『通史足尾鉱毒事件1877年~1984年』二八頁~二九頁。
(22)同前二九頁。
(23)『栃木県史』史料編　近現代九巻　四五四頁。
(24)『下野新聞』明治二三年一〇月二一日付「渡良瀬川水泥分析の成績」。
(25)『栃木県史』史料編　近現代九　四一二頁。
(26)『栃木県史』通史編八巻　四五六頁。
(27)『近代足利市史』別巻　史料編　四五頁。
(28)同前四八頁。
(29)『足尾鉱毒事件研究』三四頁。出展は『群馬県庁文書』第一分冊。
(30)「鉱毒事件と横井博士」三五頁。
(31)『栃木県史』史料編　近現代九　四〇頁。『群馬県史』通史編七巻(一九九一年)四〇二頁。

(32)『近代足利市史』別巻　史料編　五一頁。
(33)『資料足尾鉱毒事件』二一七頁。
(34)この主張は第一章五「渡良瀬川流域の汚染被害」の中で、古河鉱業株式会社の『創業一〇〇年史』が歴史的な経緯を辿ることにより、古河鉱業側の責任回避をしている論理と通じるところがある。
(35)『栃木県史』史料編　近現代九　四六〇頁。
(36)『栃木県史』史料編　近現代九によれば「農商務省では坂野初次郎技師を調査に当たらせると共に、長岡宗好にもこれを依頼していた。東京農林学校は明治二三年九月、農科大学として文部省へ移管になったとはいえ、それまでは農商務省の所管で、実質的に、農商務省、農科大学と調査が二途に分離される実状にはなかった」(四一頁)とある。このことから判断すると長岡の派遣も農商務省の管轄範囲内ということにもなる。
(37)「大内健君小伝」(『大日本農会報』一五四号所収　明治二七年)。なお、同稿によれば大内は農学科を卒業後農芸化学科にも学んだが「諸般ノ事情」で卒業を見送ったとある。したがって「古在由直博士と足尾銅山鉱毒事件」及び「公害に肉薄した勇気ある東大助教授」には大内を農芸化学士としているが、誤記ということになる。農学科二期生のうち酒匂常明、沢野淳、押川則吉等は新設された農芸化学科を明治一六年に第一期生として卒業しており、二つの学位(学士のこと)を所持していた。
(38)『日本農業発達史』三巻(一九七八年)二五五頁。九巻(同前)三七頁。

(39)三好信浩『横井時敬と日本農業教育発達史』(風間書房　二〇〇〇年)七八頁。
(40)『資料足尾鉱毒事件』二二七頁。
(41)鈴木梅太郎「古在先生の追憶」(『古在由直博士』所収)七〇頁。
(42)『資料足尾鉱毒事件』二二七頁～二二八頁。
(43)、(44)同前　二一九頁。
(45)『近代足利市史』別巻　史料編　五四頁。
(46)「古在由直博士と足尾銅山鉱毒事件」六一頁。
(47)山下協人「農学者の恩人」(『古在由直博士』所収)八五頁。『農学事始め』二三二頁。
(48)山下協人「農学者の恩人」七六頁。
(49)同前七五頁。
(50)三好信浩『増補版　日本農業教育発達史の研究』(風間書房　二〇一二年)二三一頁。
(51)「農学者の恩人」七六頁。
(52)古在由直「ドクトルオスカルケルネル氏日本滞在中ノ事績」(『農学会会報』一九号所収　一八八三年四月)二頁。
(53)熊沢喜久雄「キンチとケルネル―わが国における農芸化学の曙―」(『肥料科学』九号所収　一九八六年)三八頁。
(54)「ドクトルオスカルケルネル氏日本滞在中ノ事績」三頁。
(55)『日本農業発達史』九巻(一九七八年)四八頁。

(56)「農学者の恩人」七九頁。
(57)「ドクトルオスカルケルネル氏日本滞在中ノ事績」二頁。
(58)『日本科学技術史体系』農業I（第一法規　一九六七年）一九頁。
(59)「故農学博士長岡宗好君小伝」（『農学会会報』八一号所収　明治四一年）二頁。
(60)『農学会会報』一号（明治二二年）一頁。
(61)「故農学博士長岡宗好君小伝」三頁。
(62)「故農学士坂野初次郎君小伝」（『農学会会報』五七号所収　明治三七年）四三頁。
(63)『日本農業発達史』三巻（一九七八年）二四一頁。
(64)農業技術研究所編『農業技術研究所80年史』（一九七三年）二〇七頁。
(65)同前二八五頁。
(66)『田中正造全集』一六巻　明治三六年一〇月一〇日付（岩波書店　一九七八年）二一一頁。
(67)熊沢喜久雄「古在由直博士と足尾銅山鉱毒事件」七九頁。

第三章

鉱毒被害調査と報告書の提出

一、古在由直、長岡宗好の報告書提出

明治二四年に栃木県、群馬県、さらには民間からの調査依頼を受けた東大農学部では、古在と長岡が主としてその任に就いたことは述べた。そして、翌明治二五年に報告書を発表するに至るが、その経緯について述べておきたい。

古在等が明治二四年の五月から六月にかけて調査の依頼を受けると、七月に栃木県に赴き、県技師の佐藤義長ほかの県庁職員を伴って、県下の下都賀郡谷中村から安蘇郡、足利郡の被災地を回った。続いて群馬県をも回り、渡良瀬川沿岸を踏破し、次いで足尾銅山の本支山を「跋渉し」て「材料を採集した」のであった。(1)

古在が調査をした後、最初に報告書を発表したのは明治二五年の二月であった。最初というのは、報告書はその後にも発表されているからであるが、依頼を受けてから最初の発表までの間はおよそ半年である。報告書の内容に関してはすぐ後で詳述するが、それが纏められ

た期間が半年間であったことをひとまず確認しておきたい。

　最初の報告書は、古在、長岡の連名で「農科大学へ差出シタルモノ　栃木群馬渡良瀬川沿岸被害地取調報告書」と題し、『官報』の二月二日、三日、五日、六日、八日にわたって掲載されている。農科大学に「差出」したとするのは、栃木、群馬の両県から東大農学部に対して依頼があったからで、調査に当たった古在と長岡は、東大農学部に対して回答をするという形式が採られたためである。そこには「官報抄録」と記されてはいるが、とても抄録とは呼べない詳細な記述である。そして「渡良瀬川沿岸耕地不毛ノ原因及除害法ニ関シ農芸化学ノ専任助教授古在由直、長岡宗好カ農科大学ニ差出シタル報告左ノ如シ（文部省）」とする前置きの後に、調査の報告が続き、末尾に東大農学部農芸化学教室助手の今関常次郎、内山定一が「補助シタ」ことが記載されている。(2) 今関、内山はともに明治二四年に農芸化学科を卒業している。

　次に報告書が提出されるのは、明治二五年二月二三日付で栃木県内務部から「渡良瀬川沿岸被害原因調査ニ関スル農科大学ノ報告」である。(3) これは『官報』に掲載された報告書の内容を栃木県の部分に限って転載したものである。そのため構成上に多少の違いが見られる。

一方、群馬県には「渡良瀬川沿岸耕地不毛ノ原因及除外法研究成績・足尾鉱毒鑑定書　庶務

加賀山」とする文書がある。[4] 日付は明記されていないが、表題が『官報』の前置きと同じであり、内容も『官報』と全く同じことから明治二五年のいずれかと考えられる。このことから群馬県の場合には栃木県とは異なり、群馬県の部分だけに限って転載した報告書は見られない。

その次は八月二〇日付の『農学会会報』一六号に「足尾銅山鉱毒ノ研究」として発表されている。執筆者名は古在のみとなっているが、末尾に「本研究ノ分析ハ主トシテ」長岡が行ったこと。そして今関、内山の「補助ヲ受ケタ」ことが記載されている。『官報』に掲載された内容と基本的に大差はないものの、個々に異なった表現が用いられていることから、半年の間に推敲が加えられた形跡が窺われる。

二、古在、長岡の報告書の内容

以上の三種類の報告書は構成や記述に多少の違いがあるものの、ほぼ同一の内容ということになるので、ここでは『官報』に掲載された報告書を検討しておきたい（以下の頁は『官報』を掲載した『栃木県史』史料編　近現代九による）。

『官報』の記載によれば先に掲げた前置きに続いて本文に移るが、そこでは古在と長岡が「農芸化学上取調ノタメ」栃木、群馬の両県に出張を命じられ、渡良瀬川沿岸を調査した結果、被害区域が広く、被害の程度は強いものの、原因は「錯綜複雑」のため「速ニ断案ヲ下ス」ものではないとしていた（四六五頁）。そこには確かなデータによる裏付けが得られるまで安易な結論は出すべきではない、とする科学者の姿勢を窺うことが出来る。

そこで、古在と長岡は被災地を「巡視シ」てからまず必要な材料を収集し、「之カ研究ニ従事シ」たところ、「漸ク主要ノ事項ヲ検定シ了リタ」るに至った。そして、調査結果を「被害ノ区域及状況」、「被害ノ原因」、「渡良瀬川及其支流ノ水（附足尾銅山工業所排出水）」、「被害地除害方案」の四項目に分けて纏めている。

そのうちまず「被害ノ区域及状況」をみると、被災地は栃木、群馬両県下の七郡二八町村に及び、一六五〇余町歩（約五〇〇万坪）に達している。被災地としては、栃木県が足利郡六村、梁田郡三村、安蘇郡二村、下都賀郡三村に及び、群馬県が山田郡六町村、新田郡一村、邑楽郡七村に及んでいる。さらに、被災地の傾向としては、被害が栃木県では畑地に多く、水田に少ないのに対して、群馬県では反対に水田に多く、畑地に少ないことが指摘されている（四六七頁）。

また、「被害ノ原因」では、土壌の「化学的組成ヲ精査スルノ必要」から数十の試料を採集して、植生に有害な物質の有無を検分したところ、「多少ノ銅分」と「多量ノ硫酸ノ存在スルコトヲ発見」した。その採集地としては、栃木県は足利郡吾妻村が六カ所、同毛野村が二カ所、梁田郡梁田村が六カ所、同久野村が一ヵ所、安蘇郡植野村が三カ所、同界村が二カ所となっている。また、群馬県は山田郡相生村が三カ所、同境野村が三カ所、同広沢村が一カ所、同毛里田村が四カ所、新田郡強戸村が一カ所、邑楽郡大島村が一カ所となっている。

なお、この採集地であるが、栃木県の場合、前年の六月に栃木県が設置した六カ所の鉱毒試験田のうち、足利郡吾妻村下羽田、同毛野村大字大久保、安蘇郡植野村大字船津川、梁田郡久野村大字野田の四カ所は重複するが、下都賀郡谷中村と梁田郡山辺村の二カ所は含まれていない。その二村が除外されたのは、古在と長岡がより的確なデータを収集するのに不適格な場所であると判断したためなのであろうか。とすれば、その代わりに採集地となった吾妻村大字高橋、安蘇郡界村、梁田郡梁田村等は、古在や長岡がより的確なデータの収集が可能と判断したからとも考えられる。あるいは単に日程や距離の関係で省略しただけなのであろうか。いずれとも考えられるが確かな根拠はない。群馬県の場合栃木県のような前年の対応が確認出来ないので、ひとまず検討を控えることにしたい。

これらの調査地から採取した土壌を分析した結果、調査地の土壌はいずれも多少の銅分を含んでいる。また、被害の強弱は希薄な錯酸に溶解する銅分の多寡によるものであり、さらに被災地における土壌中の硫酸及び亜酸化鉄の量は無害地のものよりも含有量が「大ナリ」との判定を下した（四六九頁）。その一方で、亜酸化鉄塩の植生に及ぼす感応は学者によって説が異なり、近年「泰西」の学者によって研究されているものの「未タ尽サヽル処多」い。そこで「泰西学士ノ研究」と「本官等」の実験とを「略述」して、つまり理論を実験により裏付けることで、栃木群馬両県の植物枯凋の原因を「論定セント欲ス」るものとしていた（四七〇頁）。なお「泰西学士ノ研究」については報告書の中に屢々見られる。また、「論定セント欲ス」とあるように、西欧の学術研究の成果を駆使すると同時に、その水準を越えようとする意気込みが窺える。

「被害ノ原因」ではこの後、「銅塩ノ種子発芽ニ及ホス作用」、「銅塩ノ生長植物ニ及ホス感応」、「亜酸化鉄塩ノ土壌ニ及ホス感応」等々、様々な角度からの調査結果が示され、次の「渡良瀬川及其支流ノ水（附足尾銅山工業所排出水）」でも詳細なデータに裏付けられた分析が行われている。そして、「被害地除害方案」では除去方法として、多量の石灰を施すこと。深耕を行うことの「二法ヲ同時ニ施行セハ現今ノ被害地ヲシテ全ク旧来ノ沃壌ニ恢復スルコト能ハサル」と述べていた。ただし、「土質気候ノ異同ニ依リ多少ノ斟酌ヲ要スル」ため、被災地では「詳細ニ試験ヲ行ヒ完全ナル救治法ヲ講究スルヲ要ス」として（四八四頁）、その後に課題を残していた。

石灰の散布と深耕による除害方案は、古在が早川の依頼に対して回答した際に指示した対策でもあった。また「土質気候ノ異同」は同じく古在が早川に対して、現地と東京では条件が違うことから、データに差異が生じることになるとした見解を再確認したものである。それはまた、早川が土壌試料を古在に託した際に、「実地上の試験を遂げされは断言はいたしかたし」とした補足に通じるものでもあった。

三、古在、長岡の報告書の検討

以上のように、この報告書は膨大なデータに裏付けられた詳細な情報を提供している。その点はともかくとして、この報告書が纏められたのは、古在が依頼を受けてから半年後であったことは先に述べた。そこで、その期間について幾つか疑問となることがある。

まず、鉱毒調査の形態である。古在は「実地上の試験」によるデータの収集が不可欠であると説いていた。ということは、報告書に盛られたデータは現地で採集して、現地で分析したことになる。それを東京に運んでいたのでは、気候その他様々な条件が異なってくるため、データの科学的な根拠が薄れることになるからである。したがって、半年間にわたり毎日現地で寝泊まりをしたとはいわないまでも、かなりの日数を現地で過ごさない限り、「実地上の試験」によるデータは得られないと思われるが、そのための作業日程や居住形態はどのようになっていたのであろうか。また、採取地は確認出来るものの、分析地はそれと同一なのであろうか。それともどこか他の場所に設置されたのであろうか。そうした事実関係を報告書から窺うことは出来ない。

報告書から確認出来る範囲としては、実験にあたり「土壌ノ吸引力ヲ検定セント欲シ十二種ノ風乾土百瓦ヲ取」り「冷所ニ置キ時々之ヲ撹拌スルコト十九日間（十二月十一日ヨリ同二十九日ニ至ル）ニシテ液分ヲ濾過シ」とあることから（四七一頁）、その間は現地に滞在したであろうと思われることである。その他、「明治二十四年十月二十三日玉蜀黍五十粒ヲ取リ」、あるいは「十一月十四日蒸留水ヲ以テ試験ノ局ヲ結ヒタリ」とあるように（四七二頁）、具体的な日時が確認出来る記述もある。それらはいずれも日付がデータの収集に必要であったことを意味しているとともに、その日は本人かどうかはともかくとして、関係者が現地に滞在していたことを示すものであったと思われる。

データの分析に直接関係しない個人的な動向に関しては、わざわざ報告書に記載する必要はないといえばそれまでであるが、報告書に盛られた情報は膨大な量に達していた。これだけのデータの収集と分析を、古在、長岡のほかに今関、内山の二人の助手を加えたとしても、わずか四人で行うことはかなり困難な作業ではなかろうかと思われる。そこには東大農学部その他古在の周囲にいた人々の助力が必要であったと思われるし、依頼した側の栃木県、群馬県からの「協力」態勢も不可欠と思われるが、それらに関して報告書では何も伝えられていない。

また、鉱毒地の調査にあたっては、栃木県、群馬県等の行政機関のほかに、早川や長等民間人からの依頼があったことは既に述べた。再確認の意味でその経緯を必要な限り繰り返しておくと、前年の五月に早川が上京して古在を尋ね、鉱毒被害に対する調査を依頼した際、古在は実地調査にあたっては「被害地に試験地を定め、随時派出して監督する」ことが必要であると説いた。つまり現地への出張が必要ということである。その際、当然出張旅費が必要となるため、その負担を早川に対して求めていた。

では、早川の要請に対してどのような対応が行われたのであろうか。『栃木県史』によれば「この古在、長岡報告には、早川忠吾が持参し（たことがあるが、それとは―引用者注）、別途に古在調査とされる吾妻村大字下羽田の四種の土壌調査も含まれている」（史料編　近現代九「解説」四一頁）との記述がある（注釈を加えたのは、このままでは文章の理解が困難なためである）。この「解説」によれば、早川は上京の際土壌のサンプルを持参したが、現地での採取が必要とのことであったため、現地調査を引き受けるにあたって、別途に現地で採取した土壌が含まれているということである。

確かに、古在が土壌を採取した場所には吾妻村大字下羽田が含まれている。その場所は早川が持参したサンプルの採取地であるが、それと同時に栃木県側が設定した採取地でもある。ということは、同地の土壌の採取と分析は、早川の依頼のみに応じたものであることにはならない。したがって、早川の依頼に対してどのように応じたのかは、この報告書から明らかには出来ないことになる（報告書の性格上度外視されたとも考えられる）。

さらに、現地で土壌を採取するにあたり、古在は早川に対して出張旅費の請求をしていたが、栃木県及び群馬県への出張は両県側の依頼によるものでもあったから、出張旅費は両県から支出されていたはずである。古在が早川に応対して出張旅費を請求した時期は、栃木県、群馬県側の依頼より僅かに前であった。その後出張旅費が栃木県、群馬県から支給されたのであれば、早川に対して請求する必要性はなくなると思われるが、そのあたりのところもどのようになっていたのかは明らかではない。

四、坂野初次郎の報告書提出

以上、古在、長岡の報告書は依頼を受けてから半年後であったことは述べたが、収集した情報量の多さからみて、その期間内で報告書を作成するにはかなりの集中力と迅速さが必要であったことを再確認しておきたい。ところで、もう一方の農商務省へのルートに関してはどのような対応が行われていたのであろうか。

その業務を担当したのが農商務省農事試験場の坂野初次郎であったことは述べた。坂野が所属する農商務省農事試験場の概要に関してはひとまず省略するとして、(5) ここでは坂野の報告書に沿って述べておきたい。

坂野の報告書はまず「明治二十四年及二十五年中ノ研究　栃木県　群馬県　渡良瀬川沿岸農作被害原因ニ関スル研究」として坂野の単独名で発表されている。(6) その報告書が発表される経緯については、同報告書よりも後に発表した「明治二十九年及三十年中ノ研究　栃木県

群馬県　渡良瀬川沿岸農作被害地ニ関スル分析試験成績」により詳しく述べられているので、それに依拠しながら明らかにしておきたい。[7] ちなみに、坂野の報告書はこの後もさらに「明治三十年一月出張取調タルモノニシテ局長手許迄差出シタルモノナリ　栃木県　群馬県　渡良瀬川沿岸鉱毒被害地視察概要」が提出されている。[8]

そこでまず、「明治二十九年及び三十年中ノ研究……」と題する報告書によれば「去ル」明治二四年の春から農事試験場の本場構内で渡良瀬川沿岸農作不毛の原因に関する研究を開始し、翌明治二五年に至るまで規定の「功程」を終え、「主要ノ被害原因ヲ確定」するとともに「傍ラ尚ホ二三除害ノ方法ヲモ案出シ」て、「詳細之レカ復命ヲ了シタリ」とある。この文脈から古在、長岡による鉱毒調査と分析が行われていたのと同じ時期に、坂野もまた同じ作業を行い「復命ヲ了シ」ていたことが読み取れる。

同稿ではその後に続いて、所謂鉱毒問題は「本邦ニ於テハ古来其例アルヲ聞」くことはなく、外国でもこのような鉱毒問題の「惹起シタルコト少ナ」い。特に農作物に関する問題としては「未夕顕著ナル例証アリシヲ聞」くことはない。あった場合でも「泰西」では鉱業所から排出する水を牧場に灌漑使用したところ「大ニ牧草ノ生育ヲ害セシコト」が「往々」見受けられるくらいである。したがって「斯ノ如キ排出水ニ就テハ自然世人ノ注意ヲ喚起スルノ傾向」が表れたとしても、「未タ以テ学術上ノ実験ニ基キ精確ナル断定ヲ下シタルモノアルヲ見ス」と述べていた。この認識は古在や長岡が得た結論では把握しきれない部分を補っていたことになる。

さらに、鉱毒問題をどのように扱うのかについても、毒物の性質、植物及び土壌の種類等鉱毒の性質に関係する事項が異なるため、鉱毒問題の解決は「特殊ノ研究ヲ要スヘキモノ」であり、渡良瀬川沿岸の農作物被害は「事態頗ル重大ナル事件」であるにもかかわらず、当時「世界ニ於ケル鉱毒問題ノ情況前陳ノ如クナルカタメ」に、「求ムル所ノ被害原因ノ判定ニ就テハ自ラ特殊ノ試験研究ヲ挙行シ」て、「憑証トナスヘキ標準ヲ探知確定スルノ止ヲ得サルニ至リシ所以ナリ」としていた。そこには世界の状況に照らしつつも（すなわち西洋の科学研究の成果を以てしても）、鉱毒問題の解決には未知の困難が伴うことが示唆されていた。

このような状況把握を踏まえて、改めて「明治二十四年及二十五年中ノ研究……」で明らかにされている被災地の実情や坂野の見解を見ておきたい。坂野によれば「現地被害ノ実況」については「周密ナル調査」の結果、渡良瀬川沿岸の農作物被害の原因は「一種ノ悪質土壌ニ緊密」な関係がある。さらに「此悪質土壌ハ又同川出水氾濫ノ際」に農作地に「輸入沈殿シタルモノナルコトヲ認メタリ」というものであった。そこで「是ヲ以テ右被害原因ノ探求上第一ノ功程トシテ」土質及び河水の研究に従事し、判定に必要な植物の試験を行い「併セテ一二除害ノ方法ヲ講究セリ」とするものであった。

同稿ではその後「被害土壌理学的性質ノ鑑定」、「被害土壌ノ化学的研究」、「渡良瀬川水質ノ研究」と続いていく。そのうち「被害土壌ノ化学的研究」には採集地が列記されている。栃木県では重複して採取された場所を含めて三一カ所、群馬県では同じく重複を含めて九カ所となっている。栃木県の場合には県独自の被害調査地が六カ所あったことは述べたが、それと重なるのは安蘇郡植野村大字船津川、下都賀郡谷中村大字下宮の二カ所である。古在、長岡の調査地が栃木県独自の調査地と四カ所重複したのに比べると少ない数であるが、坂野の場合栃木県独自の被害調査地に対して特に意識することはなかったとも考えられる。

また、これほど多くのサンプルを集めて分析をするのには、坂野一人では困難と思われる。そこには沢野の協力もあったと思われるし、農商務省農事試験場のバックアップも不可欠であったが、その場合でも坂野の負担はかなりのものであったといえよう。

坂野は明治二九年一一月、明治三〇年一月にかけても被害地の視察に出向いている。その視察は明治二九年の七月と九月に再び大洪水が渡良瀬川流域を襲い、甚大な被害をもたらしたことにあるが、坂野が任命されたのは「明治二三年の洪水後も農商務省から派遣されて」おり、その後の「経過に明るい」ことにあったためである。(9) その報告書が先に述べた「明治三十年一月出張取調タルモノニシテ局長手許迄差出シタルモノ　栃木県群馬県渡良瀬川沿岸鉱毒被害地視察概要」（以下「視察概要」と略す）である。

「視察概要」の表紙には「取調」の結果を局長へ「差出したる」とある。それは坂野が農商務省から派遣された立場にあるため、報告書の提出先が農商務省の局長宛ということになる。そこでは「鉱毒被害地視察概要」から始まり「被害農作地ノ概況」、「関係河川ノ実況及関係事項」、「耕地被害区域及損害事項等」、「関係銅山ノ概況」、「救治及予防ニ関スル事項」の六項目から構成されている。そして、それぞれの項目の下に複数の中項目があり、中項目の下にさらに複数の小項目が並んでいる。

そこで総論にあたる「鉱毒被害地視察概要」をみると、そこには明治二三年の大洪水以来「土性頓ニ一変シ」たため、「当時命ニ拠リ親シク其実況ヲ視察シタルコト前后已ニ」二回に及んだとある。

そして、今回は「客歳十一月下旬更ニ命ヲ以テ被害地ノ実況ヲ視察シ必要ノ供試物料ヲモ採聚シ来リテ今ヤ将サニ之レガ試験ニ着手セントスルモノ際ナルヲ以テ不日其成績ト共ニ重ネテ詳細ノ復命ヲ期スル処ナリト雖モ茲ニ本回実施調査シタル概況ノミヲ摘載シテ高覧ニ供スルコト」とある（五三九頁。頁数は「視察概要」を掲載の『栃木県史』史料編　近現代九による）。この文脈によれば、坂野は改めて昨年つまり明治二九年一一月下旬に被害地への視察に赴くように命じられ、分析に必要な土壌を採取してきたが、分析結果については後日明らかにするとして、今回はひとまず調査の概況についての報告をするというものであった。

坂野の報告書はこの後先述したように「被害農作地ノ概況」へと続く。そこでは「土地生産ノ力著シク減少シ」していることが指摘されているが、そのことは「現地ノ土壌」が農商務省農事試験場西ケ原本場の土壌より「銅害発現ノ力強且大ナル性質ヲ有ス」ることからも明らかであり、「被害原因ノ主要ナルモノハ含有銅毒ノ作用」と指摘する（五四〇頁）。さらに、「関係河川ノ実況及関係事項」から「関係銅山ノ概況」までは被害地の実情が克明に記されている。そこでは、例えば「栃木県領一円ハ殊ニ甚タシク群馬県領ト雖破堤及逆流ニヨリ堤ノ内外地ヲ問ハス浸水ノ害ヲ受ケタルコト甚タ酷烈タリシ形跡ヲ留ム」と報じられている（五四一頁）。

しかも、農作地被害の区域は漸次年を逐って進行するとともに、その程度もまた次第に強大となっていくとしていた。そのことは「農作地被害ノ区域」が明治「二十四年頃ノ当時ニ比スレハ著シク拡大ニ趣キ尚ホ漸次年ヲ逐フテ進行スルト共ニ其程度モ次第ニ強大ヲ加フルノ実況アリ」とするところに語られている（五四三頁）。

このような被害状況を報告するとともに、坂野は救済方法に関しても指摘していた。そこには「被害農作土壌ノ救治」、「潅漑ノミニ因テ被害ヲ来ス水田ノ予防法」、「洪水ニ因テ被害ヲ醸スヘキ堤内田畑ノ予防法」、「銅山ヨリ流失スル有害物質ノ予防」等様々な範囲に及ぶ予防法が指摘されている。そのうち「被害農作土壌ノ救治」をみると、一、深耕すること、二、悪質沈殿土壌を削除すること、三、天地覆を行ふこと、四、石灰を以て消毒すること、五、害毒に堪能なる植物を択ぶこと等々が「適切有効ノ法ト認ム」としていた。さらに、桑園の仕立、樹木の植付等は「最モ適切有益ナル方法」であるが、被害の程度が強く浸水被害が頻繁な所では「到底充分ナル」ことは望めないとしている。

そのうちの深耕すること、石灰で消毒すること等は古在が指摘した救済方法でもあったが、このような救済方法を指摘しつつ、坂野は「被害再来ノ憂ヲ絶ツ」のでなければ「学術上並ニ実地上ニ於テ有効ナル救治ノ策ヲ施行シ難シ」との結論に達していたのであった（五四八頁）。そこには鉱毒被害の拡大を防ぐにあたって、鉱毒被害に対して学問がどう立ち向かうべきかを自問する科学者としての姿勢を窺うことが出来よう。

五、坂野の報告書の検討—古在、長岡の報告書との比較及び沢野の対応

坂野の現地調査は農商務省からの派遣であったが、そのことに対して早川や長等が不信感を抱いていたことは述べた。それは農商務省地質調査所に水質検査を依頼した際、拒否されたことが根底にあったことに一因があったと思われる。そのため、早川が古在を尋ねて鉱毒被害の調査を依頼した際、古在に向かって東大農学部は「公平無私なる見識を以て学問上の探究あらんことを望むに若かず」としたのに対して、農商務省に対しては「行政庁なれば地方人士の目的を達するに迂なるの思あ」るとしていたのである。

そのため、農商務省から派遣された坂野に対しても、また東大農学部から派遣されたとはいえ長岡に対しても、栃木県庁という行政ルートを経由していたことから、同じく「地方人民は二氏の調査を以て足れり」としなかったのであった。

しかし、坂野の報告書を見る限り、行政当局による調査依頼であったとはいえ、意図して行政当局に有利なように報告内容が作成されていたわけではない。坂野は被害の原因が鉱毒

にあることを明確に指摘していた。また、被害地の実情についても克明に報告していた。さらに救済方法に関しても詳しい指導を行っていた。救済方法に関しては深耕すること、石灰で消毒すること、そして鉱毒に強い植物を植えること等が指摘されていたが、その指示は古在、長岡の報告書におけるそれと同じ指示内容でもあったことは既に述べた通りである。

これらのことから判断すると、坂野は農商務省からの調査依頼であったとしても、その報告内容は事実関係を客観的に判定したものであった。また、結果的にそれらの判定が被災民側に有利に働いたとしても、それは意図して有利に判定を下したというより、あくまでも綿密な分析を踏まえたうえでの客観的な事実に基づいた判定であった。そこには政治的な思惑に左右されない自然科学者の姿勢が貫かれていたといえよう。

ところで、坂野が「現地の土壌を用いて試験研究を行な」ったのに対して、それに協力する形を採った農商務省農事試験場長の沢野淳は、どのように対応したのであろうか。

これより少し後の明治三〇年五月一八日付で、沢野は農商務省農務局長藤田四郎に対して「農作物に対する鉱毒除害方按」を提出した。それは「現在でも鉱毒防除対策の基本となっているもの」といわれているが、要点として以下の四点を挙げている。すなわち、

一、被害の原因及びその由来が渡良瀬川から流入する銅分であることを明らかにしている。

二、被害地の改善並びにその注意事項として、汚染土壌の排土、客土、天地返し、石灰投入。三、被害地に適する植物の選択として、桑園、果樹等或いは害毒に抵抗力の強い楢等の樹林地化。四、更に水質の浄化装置設置、無害な別系水利の導入等々である[10]。

そこに提起されている鉱毒除害の方法は先に古在が指摘した方法とかなりの部分で重複するものであるが、坂野や沢野の指摘により、渡良瀬川流域の被害は、鉱山排水中の硫酸と銅イオンであることが科学的に証明され、その対処方法に関しても再確認が見られたのであった。

(1)佐藤義長「鉱毒事件と横井博士」(『農業教育』三二六号所収　一九二七年)三五頁。
(2)『栃木県史』史料編　近現代九(一九八〇年)四六五頁〜四八四頁。
(3)内水護編『資料足尾鉱毒事件』(亜紀書房　一九七一年)二二七頁〜二四三頁。
(4)群馬県立文書館所蔵番号「議二一九七」。
(5)とりあえず『農業技術研究所80年史』(一九七三年)および古島敏雄「明治の農学」(『明治文化史』五巻所収　原書房　一九七九年)等を参照。
(6)『影印本足尾銅山鉱毒事件関係資料』一一巻(東京大学出版会　二〇〇九年)一一三頁〜一五五頁。

（7）同前四五頁～六七頁。

（8）同前二五三頁～二七二頁。『栃木県史』史料編　近現代九　五三九頁～五四八頁。

（9）『栃木県史』史料編　近現代九　四六頁。

（10）『農業技術研究所80年史』二八五頁。

第四章　鉱毒事件の進展

一、第一次鉱毒調査委員会の設置

明治二九（一八九六）年七月と九月の大洪水は再び渡良瀬川沿岸に甚大な被害をもたらしたことは述べたが、この事態に対して農商務省では翌明治三〇年一月八日に鉱山局長心得から石坂昌孝群馬県知事宛に足尾鉱毒の被害について調査を行うように指示をした。その一方、農相の榎本武揚（第二次松方正義内閣）も現地視察を試みるに至った。その段取りをしたのが幼少の頃から田中正造家に出入りしていた栗原彦三郎という青山学院の関係者であった。その経緯から述べておくことにしよう(1)。

まず前段階として明治三〇年三月一九日に貴族院議員の谷干城による鉱毒被災地への視察があった。視察者は谷と栗原そして津田仙と高橋秀臣に従者一人を加えた五人である。谷は被害のとりわけ激しい所に赴き、そこで被災民たちからの説明を聞くと「被害の実況が話より甚しきを見られて大変に驚」いたようだと随行した栗原は記録している。

次に津田等は谷を交えて榎本農相との直談判に及び、被災地への視察を依頼した。榎本は「日本の功臣で」あり「陛下の寵臣で」ある谷を交えるのであれば、という条件を示した。その条件を受けた津田は直後の三月二二日早朝、谷に随行して榎本との会談を設定した。谷や津田から被災地の実状を聞いた榎本は「国務大臣として其職に在る以上」は「救済すべき責任があ」り、また「人情からしても被害民困窮の状を聞く毎に涙が出る」思いである。しかし、政府部内に農相の視察に反対する勢力があるため「思うに任せず今日に到つた」が、「明日被害地を視察するから案内して呉れ」と伝えた（津田に関しては「おわりに」でその経歴ととも論じることにしたい）。

三月二三日の午前五時前、榎本農相、津田、栗原そして坂野技師等は上野から被災地に向かうことになった。被災地に行くと被災民の有志が多数集まり、議会での田中正造との質疑応答に関する榎本農相の答弁に対して、榎本を難詰する一幕があった。榎本は「巡視中に冷淡」な対応をしていたことを「誇られた」が、(2)一行はその日のうちに安蘇、足利、邑楽、下都賀の各郡の被害の激甚地を巡回し、その夜帰京した。

榎本は帰京すると大隈重信外相の屋敷を訪れた。そこでの具体的な会談内容は明らかではないものの、「二人共被害民救助に付て余程の大決心をせられ」ることになった。そして、三月二四日、榎本は参内して、被災民の実情を「委曲奏上せられると共に」臨時議会を開催して、足尾銅山鉱毒調査委員会の設置並びに委員の任命が急がれることとなり、同年三月二四日に発令となった。

この委員会は内閣法制局長官の神鞭知常を委員長とし、委員には内務省から衛生局長の後藤新平、大蔵省から主税局長の目賀田種太郎、農商務省から山林局長の志賀重昂、鉱山局長の肥塚龍が任命されたほか、内務省からは土木技監の古市公威、農商務省からは大臣秘書官の早川鉄冶、農事試験場技師の坂野、農商務技師、参事官等が任命されていた。さらに、帝国大学からは農科、医科、理科の各教授、助教授等が任命されており、最終的には総勢で一九名を数えた。大学関係者の中には長岡が含まれていたが、留学中の古在は含まれていない。古在の留学に関しては次節で検討することにしたい。また、山林局長の志賀はかつて早川が上京した際に紹介をされたまさしくその人物である。この委員会は一一月二七日まで約八カ月続くことになる。

委員会は新たに五年後の明治三五年にも設置されることになる。いずれも鉱毒調査委員会の名称であるが、前者を第一次、後者を第二次としている。第一次鉱毒調査委員会は足尾銅山鉱毒事件調査委員会が正式な名称であることから、検討課題は足尾銅山の鉱毒問題に限定されるものであったが、そこに厳密に限定されるものでもなかった。それに対して第二次は鉱毒調査委員会であるから、他の銅山の鉱毒問題に関しても検討課題に含まれていたのであるが、その中心は足尾銅山の鉱毒被害であった。それぞれに比重は若干異なるものの、いずれも足尾鉱毒問題への対応が主たる課題であったといえよう。

各委員は四月から五月にかけて委員会に出席すると同時に、現地において被害状況の視察を行った。その状況について安在邦夫氏は『読売新聞』明治三〇年四月四日の記事を引用しつつ、「神鞭長官の被害地巡視　鉱毒事件調査委員長神鞭法制局長官は過日坂野農商務技師及中知法制局属を随へて先づ足尾銅山に到り去る一日佐野町に出て夫れより各被災地を巡視し一昨日帰京したる由」、あるいは「後藤局長被害地視察の模様　鉱毒被害地視察中なりし後藤衛生局長は去る一日帰京したる由なるが聞く処によれば同局長の調査は他の調査と異なり専ら鉱毒の人体に及ぼす害如何を知らんとするに在りて特に将来に重大の関係を有する問題なれば極めて秘密に巡回し先づ渡良瀬の下流に於ける水質は勿論土砂草木の類に至る迄も詳細に調査する所ありし」等々の事例を紹介していた。(3)

その他『東京日日新聞』でも後藤の談話を掲載していたが、そこでは後藤は三月二八日に日光から足尾銅山に赴き、茨城県の古河を経て帰京したが、被災地の惨状は最もであるとしつつも、その「原因を一に鉱業に帰するは太早計たるを免れず」と述べ、さらに「土地の荒廃は果して鉱毒に因するか将た幾分までは鉱毒に因するかは今茲に明言する能はざる」として、足尾銅山の責任追及を回避する立場を表していた[4]。

そのうち最初の記事には坂野が神鞭に従って被災地の視察に赴いていることが記載されている。坂野はこの直前の三月二三日、つまり鉱毒調査委員会が設置される前日にも榎本農相や谷干城、津田仙等の進言を受け入れて被災地の視察を行った際にも同行したことを述べたが、再度委員長に同行して調査に携わっていたのである。まさしく行動する科学者であったが、この後も度々被災地に出向いている。そして、いずれも長岡との連名であるが「足尾銅山鉱区内再調査復命書」を明治三〇年四月二三日より二九日までの間、続いて五月一五日付、六月一〇日付で復命書を提出している[5]。六月一〇日付の神鞭委員長宛の「渡良瀬川沿岸鉱毒被害農作物視察復命」によれば、「今般命ニ拠リ栃木及群馬両県下渡良瀬川沿岸鉱毒被害苗代ニ関スル新事実ヲ始メ其外一般被害農作物ノ現況ニ就キ篤ト実地視察ヲ遂候処大要別冊之通ニ有之候条此段不取敢復命候也」としていた[6]。

一方、長岡も七月三一日付で神鞭委員長宛に「渡良瀬川沿岸鉱毒被害地面積調査報告」を提出している。それによれば、四月に坂野委員と鉱毒事件調査会嘱託員の内山定一、同鈴木梅太郎と共に足尾銅山鉱毒被災地（被害地）の面積調査を命じられて以来、「再三」被災地に出張をした。そして「親シク」被害作物の発育状況を視察したり、被害土壌を採集して分析をして「略ホ」調査を終えたとある。

その結果、鉱毒被災地といわれる所は「其ノ地積ノ広キ実ニ予想ノ外ニ出ツル」ため、小人数で短期間に「精密ノ調査」を遂げることは「固ヨリ難シ」いが、長岡等が「得タル結果」としては、「鉱毒布ノ境及ヒ其ノ積ノ概要ヲ示ス」と、それは「著シキ過誤ナキモノト信ス」るものであった。そのため「茲ニ此レヲ報告」するのであるが、調査をするにあたって、便宜上被災地を二種に区別することとした。そのうち「甲」を常日頃灌漑水の為に自然に害を被る地方とし、「乙」を洪水の氾濫による被災地とした。そして坂野と内山は専ら前者を、長岡と鈴木は主として後者の調査にあたった。そのため、長岡によるこの報告は後者を対象としたものであり、前者の灌漑水の為に害を被った地方並びに足利町以西の調査は坂野等が報告をすることとなった。(7)

長岡はその報告書においても、明治二三年以来足尾銅山の鉱毒に対する学術的研究を試みてきたが、その結果「ニ徴スル」に鉱毒の原因は、諸種毒物が現存したままになっていること。また、土性悪変等の合成作用に起因するものであって、とりわけ銅の化合物の現存していることが最も害毒の原因となっている。そのため、作物の発育上多少の害状が認められ、土壌には多少の銅分が含まれており、その被害の程度は銅の土壌中に現存する量とまさしく正比例することが確認できるというものであった(8)。

これまで長岡や坂野は何度も報告結果について論じてきたが、今回も同じ内容の報告結果が論じられている。学術的な分析結果が幾度も発表されてはいたが、それだけでは効力を発揮しないのであろうか。なお、坂野は同じ時期に秋田県の阿仁銅山の鉱毒調査に出掛け、視察復命書を提出していた(9)。第一次鉱毒調査委員会は足尾銅山が対象であったはずであるが、それ以外の銅山も対象となっていたことになる。先に第一次鉱毒調査委員会の検討対象が、厳密に足尾銅山の鉱毒問題に限定されるものではないとしたが、それはこのことにも窺われる。

ところで、第一次鉱毒調査委員会では坂野や長岡はどのような発言をしていたのであろうか。三月二五日から開始された委員会の第三回は三月二七日に開催されていたが、そこで農商務技師の和田国次郎は学者がある問題を研究する場合、材料を集めるとともに予め自己の見解を以てその基礎とする弊害があると批判した。つまり、結果を想定して研究を進めるというのである。そこで、その分野の素人に研究をさせる方が公平な結果を得られると考えられるため、現地を視察する場合に委員は専門外の人を「随行セシメサル可ラス」としていた。[10] この見解は明らかに長岡の行動を想定しての批判と考えられる。

それに対して長岡は、農科大学においては学問上「査ヘタルモノ多」く「参考ニ供スルニ足」り得る。また、今回「派出スル」場合、各谷合からの出水を調査することが必要であると考えている、と述べていた。長岡の意見に対して坂野も「同意ナリ」と述べていたが、坂野はさらに調査の結果渡良瀬川の水を灌漑に使用することを禁じざるを得ない場合には、他の水系を使用する必要があると述べ、川底に沈殿する鉱毒は洪水の際に流出するため沈毒を「深ク見ルヲ要ス」と付け加えていた。坂野はこの他、明治二五年以前に農科大学で土壌の調査を行ったことがあるが、農商務省の調査は信用するに足らない。今日となるにさらに調査が必要であると述べ反論を試みていた。[11] 坂野は農商務省から派遣されて調査にあたったにもかかわらず、農商務省に対する批判を試みていたのであった。

とはいえ、足尾鉱毒を巡る調査研究はたとえ科学的に立証されたとしても、その成果を享受するまでには、多くの障害が立ち塞がっていたといえよう。それは学問的な次元では解決が困難な、政治的な次元の問題ということにもなろうか。

二、古在の海外留学

第一次鉱毒調査委員会が開催されたのは明治三〇（一八九七）年であったが、そこに入るべき古在は、二年前の明治二八年ヨーロッパに留学していたため不在であった。そこで古在の留学に纏わる事情を明らかにしておきたい。

古在の恩師ケルネルがドイツに帰国したのは明治二五年であったが、ケルネルの後任としてオスカル・ロイブが翌明治二六年に着任した。ロイブは途中三年間アメリカのポートリコ農事試験場に赴任したが、明治四〇（一九〇七）年まで通算で一一年滞在した。ロイブは当時まだ未開拓の分野であった細菌の研究や植物生理の研究に携わっていたが、その範囲は広くまた指導も適切であったため、ロイブの薫陶を受けた人々は百余人にも及び、日本の農学界に与えた影響は「実に大なるものがあった」といわれている。さらに、古在が明治二四年に行った足尾銅山の鉱毒調査に関して、毒性は灌漑水中に放出される酸性硫酸塩及び亜鉛化塩及び銅によるものであることを明らかにし（明治二七年）、古在の研究成果を支える役割を果たした。(12) ロイブの役割についてはもう一度述べることにする。

また、同じ頃に東大農学部に新たに豊永真理が勤務することになった。豊永は農芸化学科では古在の一学年下で長岡より一学年上であった。当時私費でドイツに留学して帰国したばかりであった。豊永がドイツでどのような研究をしていたのかは不明であるが、滞在中ケルネルに会ったであろうことは容易に想像出来る。豊永は後述するように横井や長岡とともに、川俣事件後の被災地の臨検に立ち会うことになる。

ところで、その頃の東大農学部にはまだ官費で海外に留学生を派遣をする制度はなかった。そこで海外留学の派遣制度が作られることになったのであるが、第一号として本田幸介が選ばれた。本田は明治一九年に駒場農学校農学科を卒業しているので、古在と同学年ということになる。そうした事情からか古在はその決定に不満だったようで、辞職を口にしていたが、先述したように明治二八年ヨーロッパに向けて留学することになった[13]。

もっとも、古在と本田はこの後「親友」とでもいうべき関係を築いていくことになる。というのは日露戦争が終結した明治三八（一九〇五）年の一二月に韓国統監府が設置されると、伊藤博文が統監に就任した。伊藤は対韓政策を推進するにあたり「対韓の政策としては先ず農政に最も重きを」置くことを方針とした[14]。そのため、翌年四月に韓国統監府勧業模範場が置かれることになった（勧業模範場は明治四三〈一九一〇〉年八月の日韓併合以降は朝鮮総督府の管轄となる）。その初代場長に帝国大学農科大学教授の本田が任じられ、古在が同場の技師を兼務することになった。[15] そして、朝鮮農業の開発方針に関する助言を行うなど本田を援助し続けたのである。さらに、九州帝国大学（明治四三年創立。現九州大学）に大正八（一九一九）年八月農学部が創設されるにあたり、古在が創立委員を務めたのであるが、本田が初代の学部長に就任することになる。[16]

韓国統監府勧業模範場には一時期安藤広太郎が綿花栽培事業嘱託として勤務していた。安藤は明治四（一八七一）年に兵庫県氷上郡柏原町（現丹波市）に生まれ、明治二八（一八九五）年に東大農学部の農学科を卒業した後、農商務省農事試験場に勤務することになる。古在が大正九（一九二〇）年に東大総長に就任すると、その後任として第三代の農商務省農事試験場長となる。退官後農業史の研究に取り組み、『日本古代稲作史雑考』（昭和二六年）、『日本古代稲作史研究』（昭和三四年）等の著作を残した。

さて、古在が出発したのは明治二八年三月二三日である。その前日乗船のため横浜に赴いたところ、沢野淳、豊永真理、長岡宗好、押川則吉、横井時敬をはじめとして、総勢二四、五人が見送りに来ていた。押川は沢野と同じ農芸化学科の一期生である（共に農学科の二期生）。二三日は早朝の出発であったが、乗船後、古在によれば船は「随分窮屈」であったが「極めて清浄なれば心地極めてよ」く、出発当日は「天気晴朗にして風無く、波静にして船恰も鏡の面を行く」ようであったとのことである。[17]

当時の海外留学は大抵三カ年であったが、なかには二カ年で帰国する場合もあった。ところが、古在は三カ年が過ぎても帰国することはなかった。そのため「一日も早く帰朝するように望まれた」母親の良子は度々帰国を促したものの、「其効」なく五カ年間もの滞欧を続けたのであった。その代わり滞欧中、古在は頻繁に母親や豊子夫人宛に手紙や葉書を送っていた。その多くは東京大学大学史料室に保管されているが、遠くに離れた母親（大正四年に八九歳で逝去）と夫人（昭和八年に六五歳で逝去）、それにまだ幼少の長男由正（明治二六年生まれ）のことが気掛かりであったようである。

ヨーロッパでの主な滞在地はドイツであったが、フランス、ベルギー、デンマークにも遊学をした。三月二三日に横浜を出発した古在は五月四日パリに到着する。それから「東京より少しく狭」いパリに半年近く滞在して、一〇月一六日にベルギーの首都ブリュセルに赴く。ブリュセルではフランス語が用いられていたが、古在はヨーロッパに滞在中フランス語を学び、書物は「大抵読得る様に相成」とある。

そのことが示すように古在は語学能力に長けていた。鈴木梅太郎が在学中に古在の講義を受けた際、「先生も多少ハイカラ気分であつたらしく、全部英語で筆記させられた」とあることから、[18]英語の学力がかなりのものであったことが窺われる。そもそも上京後に築地英語学校で予備教育を受けたことがあり、駒場農学校の受験にも「志望の英語の科目もあ」ったことが受験を促す一因であったことは述べた通りである。古在の語学力に関してはドイツでも語学教師から賞賛されていたことを他の留学生が伝えている。[19]

ではドイツで古在はどのような留学生活を送っていたのであろうか。一〇月一六日にブリュセルに着いたことは述べたが、その直後の一八日にドイツのコロンを経由して、翌一九日にベルリンに到着した。ベルリンでは当然のことでもあるがドイツ語が用いられている。古在は日本にいる頃からドイツ語の「書物は読得候しも言葉は出来申し」とあった。そのこともあり「少し位の事は分りもいたし饒舌もいたし候ゆへ」、フランスやベルギーに居る時よりは「遥かに便利に御座候」と述べていた。[20]

その頃、ベルリンでは古在の知人で当時神奈川県典獄をしていた小河滋次郎が滞在していた。小河は明治、大正期の社会事業家として知られる人物であるが、明治二八年から三一年にかけて欧米の監獄事情を視察していたのである。また、この年の一一月に帰国することになっていた本田にも出会った。本田は先述したように古在より先に海外留学制度により派遣された人物である。

なお、古在と本田、小河等五人が一緒に写っている写真が残されている。[21] 撮影場所はブリュセルとあるが、古在が小河に出会ったのは明治二八年一〇月二〇日で、その日は「ベルリンに着仕候所同府在滞の知人小河滋次郎氏（神奈川県典獄）出向ひられ同氏と共に停車場より十七八町の所なる当宿着し」とあることから、[22] 撮影場所はベルリンとも思われるが、撮影日時その他の記載がないので推測でしかない。また、その写真のうちの一人は不明であるが、残る一人は松崎蔵之助である。松崎は東大法学部で財政学を担当しており、民俗学者柳田国男や

明治二十八年ブリュッセルに於ける古在博士（後列の右）
（左より松崎蔵之助、本田幸介、小川滋次郎諸氏）

明治卅二年伯林に於ける古在博士（中央）
（右は酒匂常明博士
左は横井時敬博士）

経済学者河上肇の指導教授にあたる。[23]
その他に明治三二（一八九九）年の写真も残されている。その写真にはベルリンにて古在が横井時敬、酒勾常明と一緒に写っている。酒勾は沢野や押川と同じく農学科の二期生であり農芸化学科の一期生である。また、横井は古在が渡欧の際に横浜まで見送りにきていたことは述べた。横井は農学科の二期生であるから、酒勾や沢野と農学科では同じ学年ということになる。農商務省への勤務に便宜を計ってくれたフェスカの影響もあって、明治三二年五月に農業教育研究のためドイツへの留学に出発していた。[24] したがって、その写真も明治三二年の五月以降ということになるが、古在が渡欧してから四年目以降ということになる。
ドイツで古在はケルネルの母校ライプチッヒ大学に留学をしたとあるが、[25]『古在由直博士』ではフリードリヒ・ウルヘル大学とある。五年間の滞在であったから、両方の大学に学んだことも考えられるが、『古在由直博士』にはライプチッヒ大学で学んだという記載は見られない。なおライプチッヒ大学は日本の医学教育を指導したドイツ人エルビン・ベルツの母校でもあるが、ドイツ滞在中ケルネルに再会することが目的の一つでもあったことは確かである。その当時ケルネルの居住地までベルリンから汽車で三時間あまりであったが、ケルネルから頻繁に訪問を促がされたことを述べている。

古在の家族への音信には、ベルリンの風景や大学の様子が伝えられている。当時フリードリヒ・ウルヘルム大学は世界中でも一、二を争うレベルにあり、特に文系では神学、法律の分野、理系では医学、科学の分野で突出していた。学んでいる学生もドイツばかりでなくイギリス、アメリカ、ロシアのほかにアジアからも集まっており、教授陣も第一流の人材が揃っていたとある。

とはいえ、五年間にも及ぶ研究生活で、主に微生物学の研究に従事していたこと以外、どのような研究に取り組んでいたのか必ずしも明らかではない。『古在由直博士』によれば、留学期間中にあたる明治三二年から三三年にかけて発表した論文としては、ドイツ語で書かれた二論文に、日本語で書かれた二論文の計四論文がある（一一二頁）。ただし、論文の発表時期がその年であって、執筆したのは留学する前ということも考えられる。その他に明治二八年に発表された矢部規矩治との共同執筆の論文（日本語とドイツ語）が二つあるものの、執筆したのが日本でなのか留学後のドイツでなのかはっきりとしない。共同研究とあるから日本で執筆された公算が大きい。

矢部は古在の弟子で明治二七（一八九四）年農芸化学科を卒業し、その後明治三七（一九〇四）年西ケ原の近くの王子に創設された大蔵省醸造試験場に勤務していた[26]。同場の二代目の場長が後述する第二次鉱毒調査委員会のメンバーの一人で、大蔵書記官（肩書は当時）の若槻礼次郎である。若槻は大正の末から昭和の初頭にかけて憲政会→民政党を基盤に二度総理を務める。

留学先のフリードリヒ・ウルヘルム大学には書籍館をはじめ、解剖場、化学実験場、生理学研究所、理学実験場等の附属機関が備わっており、「嗚呼盛なりと申す外無之候」と記していたことから[27]、それらの諸施設を多分に活用したであろうことが推測されるが、主に理系の施設に目が行くところは古在の専門とかかわるためであろうか。

なお、古在はこの間明治三二年三月農学博士の学位が授与された。つまり不在時ということになるが、日本における最初の農学博士の授与である。この時同時に佐藤昌介、新渡戸稲造等札幌農学校卒業生とともに、横井時敬、玉利喜造、恒藤規隆、本田幸介、沢野淳等駒場農学校卒業生の計八名が授与された。

三、川俣事件

古在が留学に出発して以降も鉱毒被害の拡大は続いていた。古在は鉱毒被害の救済に奮闘していたことはこれまで述べてきた通りであるが、不在であった故、明治三〇年に設置された第一次鉱毒調査委員会のメンバーから外れることになった。とすれば、古在は何故この時期に欧州に留学することになったのであろうか、という疑問が生じることになる。

古在は自分より先に本田が官費による海外留学をしたことを不満に思っていたことは述べた。とすれば古在自ら海外留学を望んでいたことになるが、古在がこの時点でどのような研究上の必要性から海外留学を望んでいたのかは明らかではない。あるいは単純に本田に遅れを取りたくないという程度であったのかもしれない。『古在由直博士』には古在の海外留学への意向について述べられていないため、この範囲内で推測をする以外にない。

その一方、古在が鉱毒被害に関して被災民の立場に立った判断をしていたことが、海外への留学に繋がったとする推測も成り立つ。その意味では放出というべきかもしれない。この点に関して、小松裕氏は「第二次調査委員会設置の直前に、「広義ノ銅中毒」の存在を肯定していた林春雄に、ドイツ留学が命令されてい」たが、そのことは「かつて、土壌の鉱毒汚染の原因が足尾銅山にあることを分析し、被災民に同情的な立場をとっていた農科大学の古在由直が、一八九五年に海外留学を命ぜられ、結果的に第一次調査委員会の委員になりえなかった事を彷彿させる」と述べていることに通じる。(28)

しかし、その場合でも古在を鉱毒事件から切り離すことを目的として、海外留学に向かわせたとする確かな根拠が示されているわけではなく、推測の範囲ということになる。医学者である林の留学に関しても「政府による「鉱毒隠し」の意図が感じられまいか」と推測交じりの表現となっている。とはいえ、この推測は状況証拠から判断すれば十分成り立つことから、的外れな推測というわけではない。林は田中正造の日記では鉱毒調査に関係する人物で、「洋行セシモノ」のうち古在や長岡とともに、「善」つまり被災民の立場に立つ人物と見なされていることから[29]、それも傍証となり得る。

古在への対処はいずれとも考えられるが、古在が五年間の海外留学から帰国したのは明治三三（一九〇〇）年七月であった。帰国後古在は東大農学部の教授に昇格し、農産製造学講座を担当することになる。そして、再び足尾鉱毒事件にかかわることになるのであるが（この点に関して後でコメントをする）、この間足尾鉱毒事件はどのような進展を見せていたのであろうか。先述した部分と多少重複することになるが、その経緯について見ておきたい。

第一次鉱毒調査委員会が設置されたのは明治三〇（一八九七）年三月であったことは述べたが、同じ時期被災民たちも新たな動きをみせていた。同年二月二六日に行われた田中正造の国会での質問演説が新聞に掲載されると、その報道に刺激を受けた被災民たちは三月二日に東京を目指して、第一回目の所謂東京押出しを決行することになる。三月三日東京に入った一団は、途中から加わった人々を含めて千余人を数えるほどになった。

田中は三月一五日に先の国会での質問に対する政府側の答弁要求を行ったところ、答弁書が樺山資紀内相と榎本農商務相（第二次松方正義内閣）の連署で提出されることになった。ところがその内容は政府の責任逃れに終始するものであったため、第二回目の東京押出しが決行されることになり、三月二二日に被災民たちは群馬県邑楽郡渡瀬村早川田（現館林市下早川田町）の雲龍寺に結集して気勢を上げた。渡瀬村早川田は北側に位置する栃木県の佐野と南側に位置する群馬県の館林の中間にあたり、その間を流れる渡良瀬川に接しており、栃木県と群馬県の県境にあたる。渡良瀬川を挟んで渡瀬村と向き合った栃木県側に吾妻郡大字下羽田（現佐野市下羽田町）が位置しており、雲龍寺は飛び地となって渡良瀬川左岸の一画を占めていた。

雲龍寺はそのような県境にあたる場所に位置していたため、立地は群馬県であっても、両県の住民にとって集合や連絡場所として利用するのに適した建物であった。そのため雲龍寺は「鉱毒被害民の事務所となせる所」であり、栃木県の被災民も「帰途また此の事務所に立ち寄れるもあり」という状況であった。(30) そうした位置関係はともかくとして、先に述べた榎本農商務相が津田や坂野を伴って被災地の視察を試みたのは、まさしくこのような情勢を受けてのことであった。

第一次鉱毒調査委員会の設置もこのような情勢を受けて設置されたことはいうまでもない。同委員会は設置直後から調査活動を行ったことは先述した安在氏の指摘により明らかで

雲龍寺（群馬県館林市下早川田町）

あるが、同じく安在氏によって「ここで立案され実施された解決策は、なんら効果を生」むこともなく、それどころか「新たな問題を生じさせる結果となり、被害民の生活状況はさらに深刻なものとなった」と指摘されている。[31]その他にも「調査会（鉱毒調査委員会―引用者注）の設置は被災民の運動の抑制をも狙いとしていた」との指摘も見られる。[32]とすれば鉱毒調査委員会の設置は、被災民の要求を吸い上げる形を採りつつ、被害の実態を隠蔽する役割を担っていたことにもなる。

そのような政府側の対応に不満を持ったことから、被災民はこの後も東京押出しを繰り返していくことにな

る。第三回の東京押出しは明治三一（一八九八）年九月であったが、その月の大洪水による鉱毒被害は甚大であった。この時は栃木、群馬、茨城、埼玉四県下の被災民約一万余人が雲龍寺に集まり、東京へと向かったのである。

第四回の東京押出しは明治三三（一九〇〇）年二月であった。被災民への弾圧、所謂川俣事件が起きたのはまさしくこの時である。川俣事件の経緯については『足尾鉱毒事件研究』、『通史足尾鉱毒事件　1877—1984』、『資料足尾鉱毒事件』、そして『義人全集』「鉱毒事件」下巻等で明らかにされているので、適宜それらに依拠しつつ事件の概略を辿っていきたい（引用にあたり各書からの頁数の表示は略す）。

明治三三年一月一八日、雲龍寺で僧侶一八名、地元の鉱毒（対策カ）委員及び青年三〇〇人ほどが出席して、鉱毒被害非命者の施餓鬼が執り行われた。その行事は鉱毒の被害による乳幼児や一般住民の死者の増加を「非命ノ死者」あるいは「鉱毒殺人」と呼んでいたが、その被害を告発することにより鉱毒被害への戦闘意欲を高めることを目指したのであった。それから三日後の一月二一日、青年たちによる演説会や宣伝活動が行われ、青年行動隊が結成されることになる。これらの行動は前年から徐々に進行していたのであるが、年が明けると急速に盛り上がっていたのであった。

こうした動きに対して権力側も警戒態勢を敷くことになる。栃木県警は二月八日警部一〇名、巡査部長一一名、巡査一六二名を配置して準備を進めていた。一方、群馬県警は雲龍寺に警部三名、巡査五〇名を配置して警戒態勢をとった。

二月九日に栃木、群馬の県境にある雲龍寺の住職が梵鐘を打つと、その音を合図に各被災地の住民たちも梵鐘を打ってそれに呼応するとともに、多くの住民に対して上京に賛同する者を募った。そして翌一〇日、明治三〇年三月東京に設置された四県連合鉱業停止請願事務所に駐在する栃木県梁田郡久野村野田の自作農である室田忠七は、被災地から東京に戻ると田中正造や在京中の町村長等と打ち合わせを行い準備を進めていった。一二日になると被災民たちは、翌一三日の午前三時を期して雲龍寺に集まり、東京に向けて出発することを取り決めた。

こうした被災民の動向に対して権力側は集会結社法により解散を命じたのである。しかし、被災民たちはそれを無視して白昼大部隊を編成して東京押出しを決行したため、警察から激しい弾圧を受けたのであった。現場逮捕、事後逮捕を含めて一〇〇余名が逮捕されたが、逮捕者はその後も続き、凶徒聚集罪で四一名、凶徒聚集罪及び結社法違反で六名等計五一名が告発されることになる。その年の一二月に行われた前橋地方裁判所での一審判決では、逮捕者のうち六八名が凶徒聚集罪あるいは官吏抗拒罪、官吏侮辱罪等により告発された。

指導者が逮捕されると、それ以降被災民の抗議行動は後退していくことになるが、川俣事件の結果はむしろ世間に対して衝撃を与えることになった。判決が下される前の明治三三年七月には「足尾鉱毒問題の真相を調査し、其救済方法を研究する」ことを目的に、島田三郎、厳本善治、谷干城、安部磯雄、花井卓蔵、三宅雪嶺等の民間有志によって「鉱毒調査有志会」が結成されるなど、事件への関心は広がりを見せていくことになる。

川俣事件碑（群馬県邑楽郡明和町）

田中正造は川俣事件の結果に対して政府批判を強めていくことになる。それとともに田中は衆議院議員の職を辞すると、次の手段である天皇への直訴へと向かっていく。田中による直訴が実施されたのは翌明治三四年一二月一〇日であった。それは直訴という社会的な衝撃を与えることで、世論の喚起を狙ったものでもあった。

四、被災地の臨検

明治三三年一二月に川俣事件の一審判決が下されると、その判決に対して被告側、検事側ともに明治三四（一九〇一）年九月から舞台を東京控訴院に移すことになった。それは逮捕者に対する処罰を決する場であるが、その一方で法廷の場は自己の立場の正当性を主張する場でもあった。東京控訴院での公判が開始されると、法廷では被災民たちが県農事試験場のデータを提出し、深刻な被害の状況や生活の困窮を訴えた。その主張は傍聴した新聞記者たちによって報道されることになり、「多くの人々の前にはじめてその相貌を露に」することになった。[33]

その際、被災民の弁護を担当した人々は、この「事件を惹起せし所以の原因は足尾銅山の鉱毒が一府五県五万町歩の田地を荒廃し数十万人の生命財産を危殆に陥らしめ」たことが原因である。したがって「被告人の行為を公正に審理し以て被告の責任を明らかにする」ためには、「先ず」鉱毒被災地を臨検して鉱毒による被害の状態がどの程度かを把握する必要がある。その上でその状態が、被告人の言う通りかどうかの「証拠決定をなす」必要があると主張した。[34]

そこで、弁護を担当した人々は「鉱毒に基づく被告事件の審理は我国未曾有の無経験問題にして将来の範ともなるべきもの」であるから、一、足尾銅山鉱毒被害地を臨検して、鉱毒の有無及びその程度を証明すること。二、足尾銅山被害地を臨検するにあたり、東大農学部の専門学者を証人として坪刈鑑定、土壌鑑定、植物鑑定を依頼すること等を申請した。それに対して裁判官は合議の上その申請を許可することになった。

鉱毒被災地での臨検は明治三四年一〇月六日から一二日まで一週間にわたり実施されることになり、臨検には複数の判事、検事、弁護人のほか東大農学部から横井時敬、長岡宗好、豊永真理の三人が鑑定人として立会うことになった。その他、毎日新聞、日本新聞、時事新報、萬朝報等八社から一名ずつ八名の新聞記者が随行した。また、鑑定の事項や範囲としては先にも述べたが、具体的には渡良瀬川沿岸被害地中被害各村収穫高の鑑定と土壌の分析土質との関係の鑑定、及び本件犯罪地（国家の側から見た──引用者注）即雲龍寺より館林川俣地方の臨検であった。

鑑定人として東大農学部から三名が選出されたが、東大農学部に白羽の矢が立ったことは、それ以前から鑑定にあたって公正な判断をしてきた実績が評価されたものと考えられる。それには古在の存在が大であったといえるが、とすれば臨検に何故古在は参加しなかったのであろうかという疑問が生じることになる。それとともに、明治三三年七月にヨーロッパ留学から帰国して以降古在は何をしていたのであろうか、という疑問に繋がる。

明らかなこととしては、同年七月の帰国と同時に東大農学部の教授に昇格して、農産製造学講座を担当していた。そのあたりまでは述べたが、翌三四年一月に茨城県で野鼠の駆除に関する業務を依頼されている。また、同年七月に日本酒醸造改良実験及び講習場設置調査委員を委嘱されている。そして、翌明治三五年三月に第二次鉱毒調査委員会が発足すると、その委員に任命され再び足尾鉱毒事件とかかわることになる。

とはいえ、委員に任命され再び足尾鉱毒事件にかかわるのは帰国してから約一年半後である。その間私的には明治三三年一二月正七位に叙せられたほか、明治三四年五月に後年著名な哲学者となる次男の由重が生まれている。とはいえ、この間鉱毒事件に対して少なくとも表面的には古在がかかわった形跡がみられない。

また、横井、長岡、豊永の三人が選出された経緯も不明である。長岡は古在とともにそれまで鉱毒被害の解明に従事してきたので、その実績が評価されたためと考えられる。しかし豊永は足尾鉱毒事件とのかかわりは未知である。横井と足尾鉱毒事件とのかかわりについては、章を改めて述べることにしよう。

被災地の臨検は予定通り一〇月六日から実施された。第一日目は秋雨の降る中で行われたが、被害の実態は初日から顕著な姿を表していた。例えば、桑やクヌギは根が腐食していたため容易に抜き取ることが出来たほか、一尺ほどの竹でも手で簡単に抜くことが出来たのである。周囲の景観も「荒涼とした砂原が広がり、かつて田畑であったおもかげもな」く、「客土するために鉱毒を含んだ土を積み上げる「毒塚」が各所に築かれ、丈の異常に低い薄が風にゆら」ぐ光景が広がっていた。こうした光景から鉱毒被害は一目瞭然であるため、鑑定人から「鑑定の必要なし」との意見が出されたほどであった(35)。

臨検は二日目以降も予定通り進められていったが、最終日に調査団の一行は「本件犯罪地」の雲龍寺に赴いたところ、百人を越える被災民に取り囲まれた。その中には鉱毒被害のため生活の困窮や破綻、あるいは子供の行く末に対する不安等を訴える人々がおり、その訴えは周囲の人々に「堪えがたいほどの感動を与えた」といわれた(36)。臨検は一週間であったが、被害の実態は同行した記者団によって各紙に連日記事として掲載され、読者に大きな影響を与えることになる。

五、鑑定書の提出とその周辺

臨検に「証人として立会」した横井、長岡、豊永の三人は、臨検が実施された翌月の一一月二二日に裁判長に鑑定書を提出することになった。鑑定書の名称は横井が『坪刈鑑定書』、長岡が『土壌鑑定書』、豊永が『植物鑑定書』であるが、それらの鑑定書は「鉱毒被害を学理的に説明せるもの」であり「鉱毒問題を知らんとするものに取ては一大必要の記録」であったといわれている。(37) ちなみに横井の鑑定書にある「坪刈」とは田畑の全体の収穫量を推察するため、一坪だけ稲、麦等を刈ってみることであり、別名「歩刈」とも言われている。

それらの鑑定書のうち、横井の『坪刈鑑定書』は「総論」から始まり「供試材料」として三〇余種に関する分析を行い、「銅分の含有量等を説示したるものにして最も詳細を極む」ものであった。(38) それはいわば三人から提出された鑑定書の総論的な位置にあるともいえよう。そこで横井の鑑定書を紐解いてみよう（以下の頁数は『義人全集』「鉱毒事件」下巻による）。

横井は各臨検指定地の鑑定を行うにあたり、一つの方法として肉眼鑑定を挙げるが、それは「実際と遠きの結果を致す事ありて決して正確なるを期す可らざる」ものであるとする。それに対し別な方法として坪刈鑑定を挙げる。それは「正確なる事勿論」であるが、その坪刈鑑定にはさらに地積一坪に栽植せる株数を検査して、平均数に従って株を刈取る方法と、地積に基づいて方六尺の框を以て一坪の地積内にある株を刈取る方法との二つの方法があるとする。両方法はともに稲田において常に用いられているが、第二の方法は第一の方法に比べて「正確なる」ものの、「濫りに框内の株を刈取」ると「不正確に陥るを免れず」としていた（一三四頁～一三五頁）。

このように横井は鑑定方法として坪刈鑑定の優位性を提示しつつ、その方法にもさらに二種類あることを述べた上で、「畑地に就きては標準として採収したる」栃木県安蘇郡界村大字越名小字蓑子塚の深カ谷トヨの所有地、同地の小林庄太郎の所有地の二カ所での陸稲の臨検の結果を、また同大字越名小字鷺久根の野口吉次郎の所有地の一カ所での桑畑の臨検の結果を、それぞれ論じている。

陸稲の臨検にあたって、深カ谷と小林の所有地は「相近接せる所にあ」ることもあり、他の臨検指定地と比べて収穫量は「稍々劣」るとしていた。そのうち小林の所有地では銅分が百分中〇・〇四七〇八分確認出来るが、「此の地方従来沼沢に付きて泥土を求め之を以て肥料に供する習慣ありたるが故に、此の銅分は此の肥料」に起因していると指摘していた。さらにこの銅分は溶解性ではないものの、含有量から判断して「多少害有あるの徴となすを得べけん」としていた。

この結果から判断して、鑑定指定地の多くは「沃饒度推して以て是れを知るを得可し」としていたが、鑑定地の中でもこれ以外の「無害地」にあっては「可驚的多量の収穫高を示せるあるをや」としている。つまり、鑑定指定地といえども、場所によって被害の程度が異なり、それ故に収穫量に大きな違いがあることが指摘されていた（一四〇頁）。

また桑畑の臨検にあたっては、鑑定地が深カ谷や小林の所有地と「相去ること遠からずして其の土質略相似たるが故に又多数の指定地に劣るものたるに論なく又其の表土に於る根の滋殖充分ならざるを疑うたりしに果せる哉分析の結果」微量ではあるが、銅が発見されるに至ったことを指摘している（一四一頁）。

それらの結果から横井は「多くの稲田及び桑園以外の畑に於ては毒土を被れるの当時全荒廃に帰し作物の成育を得ざるに多かりしに相違なし」との結論を示した。また「現今に於て多少の収穫を納め得る所以のものは此毒土を堀取り撤去せるか乃至は之を深く土中に埋むる等の手段を取りたるに依るもの多し」とも指摘していた（一四三頁）。

さらに、横井は「終りに臨みて一言す可き」ことは、本年は気候が「頗る適順」であったが、もし「他の気候不適の年に之を鑑定したらんには鉱毒の害を徴する事更らに劇甚ならざるを得ざりしならん」との補足をしていた（一四七頁）。

次に長岡の『土壌鑑定書』であるが、それによれば臨検地で採集した土壌を布袋に詰めて封印をした上で、油紙で外部を包囲したものを、一旦佐野警察署で保管した後に東京の渋谷停車場まで運搬する。そこで鑑定人つまり長岡が受け取る段取りであった。さらに長岡は分析材料をそのまま試験に供用することは出来ないため、農芸化学分析上の規定により採集したものを調製してから分析材料とする必要があるとしていた。そのためには、採集した材料に異常のないことを確認した上で、原土、細土、細微土に分けることが求められたのである（一七六頁）。

このように分析方法が「巨細に挙述する頗ぶる繁に堪ひざる」のは、土壌の淘汰分析方法として「尤も正確なもの」が「農芸化学会に採用せらる」るものであったからである。その方法は既に述べたように「頗る繁雑し且つ手数を要すること非常な」ることはいうまでもないものの、「成績の確実を期するが為に進んで此法に採拠せ」ざるを得なかったためである（一七七頁）。

ところで、長岡は鉱毒被災地の被害の原因が土壌中の銅分、硫酸及び硫化物等の存在にあることが主な原因であることは、既に明治二五年に発表した報告書に示している通りであるとする。そして、今回採集した供試材料に関しても、前回と同様銅分、硫酸の定性分析を施したところ、大多数の供試材料にその原因が認められた。しかも、今回は銅の定量には分析中に万が一過誤があることを心配して、銅製器具の代わりに薬品や蒸留水等凡て銅を含んでいないことを確認してから使用したとしている（一七八頁）。

長岡の鉱毒分析には念入りな対応が見られる。そこには長岡が前回報告書を発表した時より、一〇年近くの歳月を研究に勤しんできた蓄積の跡が窺われるが、そのことはともかくとして、先述した分析材料を東京に輸送することに関して若干の注釈が必要かと思われる。というのは、恩師のケルネルの教えにあったように、分析にあたって「実地の試験」の重要性が説かれていたからである。その教えは古在にも受け継がれ、長岡にも同様の薫陶を与えたはずである。つまり、東京と現地では気候条件その他に違いがあるため、検査結果に違いが生じることであった。それでは正確な分析結果を得ることが困難のため、材料の採集は勿論のこと分析も現地で行われるべきはずだからである。

その教えは明治二五年の古在、長岡の報告書ではどのように順守されたのかを詮索したが、そのあたりについて報告書では十分触れられていなかった。そのような範囲まで報告書で明らかにする必要がなかったのかもしれないが、今回は現地主義を採らずに採集地と分析地が別々となっていることが明確に述べられている。そうした場合、異なった空間での材料の採集と分析との整合性については問題とならなかったのであろうか。それとも、この一〇年近くの間に、そうした差異を克服するまでに分析技術が向上していたのであろうか。そのあたりの事情を長岡の鑑定書から窺うことは出来ない。

最後に豊永の『植物鑑定書』に触れておきたい。豊永は鑑定命令に従い、栃木県下の安蘇郡、足利郡と群馬県下の下邑楽郡の計三郡下の一〇カ村、一六字で臨検を行った。その際、臨検の課題としては臨検地の作柄が固有の地力に対して相応の収穫があるかどうか。仮に不相応に減少したとすればその原因はどこにあるのかを鑑定することにあった。

そこでは、横井の坪刈鑑定法により現在の収穫の精査が行われ、長岡の土壌鑑定法により土壌に含蓄した栄養分並びに植生に対し有害な成分の検査が行われたが、それに加えて豊永の植物鑑定法により、採集した植物を分析して有害分の存否と多少とを検査し、それにより被害の有無とその程度の如何とを判定する資料を提供しようとするところに豊永の鑑定趣旨があった（二五四頁）。

鑑定にあたっては、臨検の対象となる地域が渡良瀬川の左右に沿っているため、その流域は長らく浸水の被害を被っていた。そのため、河水の氾濫が流域に様々な物質を齎したが、その中でもとりわけ植物の生育にとって有害と認められるものは、多量の粗砂が残留して微細の粉土を残していくことであり、また銅分を齎して直接に植生を侵害すること等であった（二五五頁）。

そこで、被災地域に生育する植物から毒性の分子を吸収するにあたっては、専ら銅分の分析に限られるとする。そのため、分析材料とすべき植物の採集法としては、その田畑の中で生育の平均を取ること。そして、植物の根部に接するほど泥土が付着しているので、植物の上半部を刈り取ることが必要であるとする。さらに、毒分の含量の差異を比較するためには、特に浸水地の植物を選んで採集すること。供試材料が穀類の場合は、付着物を除いてから焼却し、灰分中の銅含有量を検査すること等々を説いていた（二五六頁）。

横井、長岡、豊永の三人の鑑定書についておよその概略を触れたが、それらを総括すると、作物に害を与えるのは、土壌に含まれている銅分にほかならないことが指摘されている。また、元来この地方の土壌には銅分は含まれていないが、臨検地には渡良瀬川より多量の銅分が流れ込み、潅漑用水が既に銅分を含有している。桑や玄米も種々の銅の化合物を含有している。つまり、三名の鑑定人はいずれも、指定地の収穫減少の原因が渡良瀬川より流入する銅分であることを一致して確認していたのである。

それでも鉱毒が渡良瀬川の予防工事の行われた明治三〇（一八九七）年以降に銅山から流失した銅によるものであると断言することは出来なかった。また、三人の鑑定結果に対しては、証人として喚問された東大医学部教授で第一次鉱毒調査委員会のメンバーでもあった入沢達吉が、銅が原因であるとする見解に否定的な態度をとった。さらに、証人として喚問された医学博士で医師の三宅秀も、被害の原因が洪水にあることを強調した。そのため、再調査の必要があるとの判定があり、鉱毒被害の問題はなお後々まで尾を引いていくことになる。[39]

この後一一月二九日に横井、一二月二日に長岡、豊永が東京控訴院に提出した鑑定書の内容に対する陳述を繰り広げた。

横井は裁判長から溶解性銅分は植物の根を腐食するかと問いかけられたのに対して、溶解性銅分は植物の根の組織を害し、その芯の部分を腐食させるほか、枯死することがあると答えた。また、土中に存在する銅分化学的作用によって銅分の減少は可能かとの問いに対しては、溶解性銅分であれば植物が吸収することはないため、除去することは困難ということになると述べた（三〇七頁〜三〇八頁）。

また、長岡も裁判長から理学的分析による表土が不良なのはどうしてなのかという問いかけに対して、洪水のため土砂が流入し従来の底土と異なることにより、細末な砂が交じることで土地が不良となることを説明するとともに、土壌が銅分を含むと化学的作用により付着して理学的性質を悪変したためである、と付け加えた（三一九頁）。そして、元来土壌には銅分が含まれるものかどうかとの問いに対しては、含まないが二千貫、三千貫の土には多少膨れることもあり得るものの、農芸化学者として分析をしたことはないとの答えを示した（三二二頁）。

さらに、豊永は裁判長から作物に害が及ぶのは銅分によるためであるかとの問いに対して、「はい」と断言するとともに、砂地にも被害を及ぼすことは確認済みかとの問いに対しては、渡良瀬川沿岸の堤防には砂が流入したため畑が荒廃したことは「事実に明にして斯かる場所には栄養分となるものは」ないと返答した。また、竹が抜けるのは鉱毒のためではなく、砂地のためではないかとの問いに対しては、純然たる砂地であれば初めから竹は生育しないと答えた（三三六頁〜三三七頁）。

鑑定書に対する陳述が繰り広げられていた頃、既述したように田中正造の天皇への直訴があり、足尾鉱毒事件に対する世論は盛り上がりをみせていくことになる。

そうした動向は『通史足尾鉱毒事件　1877―1984』に、「号外・新聞にみる世論の沸騰」、「救済演説会の盛況」として要領よく纏められている（一一八頁〜一二五頁）。そうした動向の一つとして被災地視察旅行を挙げておくことにしたい。

明治三四年の暮に鉱毒被害者の支援を続ける学生たちに、修学旅行という形で現地の視察を行う試みが企てられた。その動きとして、まず鉱毒批判の論陣を張っていた毎日新聞社長の島田三郎に対して一二月一七日付で立教中学の元田作之進が決意表明を行い、続いて立教中学生の前田多門、青沼弥一郎等による支援の言葉が発せられた。

決行当日の一二月二七日には予定した人員を三百人も上回る八百余人が参加した。そのほかに新聞記者や宗教家等も加わり千百余人に達した。また、一二月三〇日には神田の青年会館で鉱毒被害地学生大挙視察報告演説会が開催された。そこには帝国大学、東京専門学校、慶応義塾、明治法律学校等の学生、生徒等が集まり日没まで演説会が行われた（同書一二五頁～一二八頁）。

こうした動きは翌明治三五年に入っても収束することはなかった。そのため一月二五日になると、菊池大麓文相（第一次桂太郎内閣）は山川健次郎東大総長を招いて翌日に予定されていた第二次大挙視察を禁止する旨を申し付けた。それに対しての山川は「学生にして鉱毒被害地を視察せんこと何の不可あるなし、加之諸君にして一たび鉱毒地を踏みて其の惨況を見るならば、人情の必然の結果として彼等同胞に深厚の道場を表するに至らん」として、学生側に理解のある態度を表明したのである。(40) ちなみに山川はこの時第六代の総長であった（在任期間は明治三四年～明治三八年）。この後もう一度第九代の総長を務めることになる（在任期間は大正二年～大正九年）。その後に第一〇代の総長となったのが古在である（在任期間は大正九年～昭和三年）。古在は公選制により選出された最初の総長でもあった。

第二次鉱毒調査委員会が発足するのはこの年明治三五年の三月である。

（1）『義人全集』「鉱毒事件」上巻（一九二五年）七五頁～七七頁。
（2）三宅雪嶺『同時代史』三巻（岩波書店　一九五〇年）一一六頁。
（3）安在邦夫「鉱毒調査委員会（第一次・第二次）の設置と田中正造」（『影印本足尾銅山鉱毒事件関係資料』三〇巻）三九八頁。
（4）『資料足尾鉱毒事件』六三三頁。
（5）『影印本足尾銅山鉱毒事件関係資料』三〇巻　三七七頁。
（6）同前一巻九八頁。
（7）同前四巻四三一頁。
（8）同前四三三頁。
（9）同前三〇巻三八〇頁。

(10)同前五巻四四五頁。
(11)同前四五四頁。
(12)古島敏雄編『明治文化史』五巻(学術)原書房　一九七九年　三六三頁。
(13)山下脇人「農学者の恩人」(『古在由直博士』所収)八四頁。
(14)『横井博士全集』一〇巻所収「伊藤統監の還俗」三〇頁。
(15)『農業技術研究所80年史』二四頁。なお、韓国模範場に関しては『日本農業発達史』九巻第二章第四節「朝鮮稲の種類と改良」に詳しい。
(16)安藤広太郎「古在先生を追憶す」(『古在由直博士』所収)六一頁、六三頁、六五頁。
(17)「古在博士の書簡」(『古在由直博士』所収)二四一頁～二四二頁。
(18)「古在先生の追憶」(『古在由直博士』所収)七〇頁。
(19)「農学者の恩人」八四頁。
(20)「古在博士の書簡」二六三頁。
(21)『古在由直博士』二六一頁より転載。
(22)同前二六〇頁。
(23)杉林隆『明治農政の展開と農業教育』(日本図書センター　一九九三年)一六八頁。
(24)「横井時敬年譜」(『大日本農会』昭和八年一月号所収)六三頁。三好信浩『横井時敬と日本農業教育発達史』一七頁。
(25)石田三雄「公害に肉薄した勇気ある東大助教授」二九頁。

(26)若槻礼次郎「学者で仙人、禅宗坊主で俗人」(『古在由直博士』所収)三九頁。
(27)『古在由直博士』二六八頁。
(28)『田中正造の近代』(現代企画社　二〇〇二年)七九五頁。
(29)『田中正造全集』一〇巻(岩波書店　一九七八年)明治三六年八月三一日付。なおそこでは田中隆三を「悪」としている(五〇三頁)。
(30)『資料足尾鉱毒事件』一七〇頁。
(31)「鉱毒調査委員会(第一次・第二次)の設置と田中正造」三九四頁。
(32)『通史足尾鉱毒事件　1877―1984』七一頁。
(33)『足尾鉱毒事件研究』三三二頁。
(34)『義人全集』「鉱毒事件」下巻六三頁。
(35)『足尾鉱毒事件研究』三三五頁。
(36)同前三三六頁。
(37)『義人全集』「鉱毒事件」下巻一三一頁。
(38)『義人全集』「鉱毒事件」下巻一三三頁。なお三人の鑑定書は『義人全集』「鉱毒事件」下巻のほか『影印本足尾銅山鉱毒事件関係資料』二九巻にも所収されている。
(39)『足尾鉱毒事件研究』三四〇頁~三四一頁。
(40)『義人全集』「鉱毒事件」下巻九七二頁。

第五章　被災地調査の継続

一、横井時敬の被災地視察

鑑定書を提出した横井、豊永、長岡の三人のうち、長岡は古在とともに長らく鉱毒被害の調査にかかわってきたことは既に述べた。豊永の足尾鉱毒事件とのかかわりは必ずしも明らかではないが、その点はひとまず置くとしよう。横井に関してはそれまで足尾鉱毒事件にどのようなかかわりを持っていたのかについては、触れられてこなかったように思われる。このことは既に指摘したが、横井はこれまで足尾鉱毒事件とのかかわりを持たなかったわけではない。というよりむしろ深く関係していたのであった。

『農業技術研究所80年史』によれば、横井は「鉱毒問題の歴史」で古在の被害調査について触れるとともに、自身の調査でも「この惨状を如何なる言辞を以て譬へんか、砂漠と言はんか砂なし、四囲の光景啻何となく荒涼の感に打たるるのみ」と述べていた（二八五頁）。この視察がいつ行われたものかは不明である。横井の著作リストの中に「鉱毒問題の歴史」

を確認することは出来ない[1]。

その点もひとまず置いて、横井が足尾鉱毒事件にどう対応したのかについて、三好信浩『横井時敬と日本農業教育発達史』（風間書房　二〇〇〇年）の記述を手掛かりに、その他の文献も参考にして横井の対応を明らかにしていきたい。

横井の経歴は後述するとして、農商務省の官吏を退いた明治二三年一一月『産業時論』と題する雑誌を刊行した。その一四号（明治二四年五月二五日）の時事欄「銅害問題」では「本年麦作の景況太た悪」いが、それは「足尾銅山より銅質の流れ下たるの故なるか如し」としつつも、「目下農科大学に於て研究調査中」のため「確実の事実を得さる間は、請ふ沈黙に附せん」としていた。農科大学の調査とは既述したように、この時期の古在や長岡の調査活動を指しているが、原因が足尾銅山の鉱毒にあるとしつつも、調査結果を待つまでは安易に結論を急ぐべきではない、とする慎重な姿勢が見られる。

これが同誌の最初の鉱毒問題への論評であるが、それ以後しばらくの間、時事欄にほぼ毎号鉱毒問題への論評が掲載されていくことになる。続く一五号（同年六月一〇日）の時事欄「銅害問題」では「其害既に三年以前に発したるものなるに、何故に農商務省は今日に至る迄等閑に付し去りたるか、地質調査所は之が為に充分の調査をなさゞりしと云ふに至つては、余輩益訝らさるを得す」とあり、地質調査所の対応に不満を表明するなど、前号に比べて厳しい批評に変わっている。

鉱毒問題への追及は、それ以後の号でも続けられていくが、一八号（同年七月二五日）の「時事」欄（表題は無し）では、長祐之が地質調査所から拒絶された経緯に対して、横井は「怪事と云ふべし、余輩も亦た之を怪む」としており、一五号と同様地質調査所に対する懸念を表明していた。科学者の立場からして、煮え切らない態度に終始する地質調査所の対応に我慢が出来なかったようである。

また、二六号（同年一一月二五日）の雑報欄に「足尾銅山鉱毒事件の調査」を執筆している。そこに横井は「親ら同地を巡回し細に其現況を視察し」たことを記載している。さらに、そこでは古在や長岡の調査が「漸く大体の研究も済みたれば不日公然と報告せらるべし」とあることから、横井が現地の視察をしたのは、古在、長岡の両人が栃木・群馬両県の依頼をうけて現地調査を行っていた、まさしくその時期ということになる。つまり、横井も古在や長岡等の行動とは別個に独自で現地の視察に赴いていたのであった。先に指摘した「鉱毒問題の歴史」に記載されていた調査活動の時期とは、明治二四年のこの時のものか。あるいは明治三四年の鑑定書の提出にあたり、その直前に行われたものか。そのいずれかではなかろうかと考えられる。

横井の被災地に関する報告は、同誌二一号（同年九月一〇日）の巻頭に掲載された「渡良瀬川沿岸の人民を如何せん」（無署名）、及び二二号、二二号（九月二五日）、二三号（一〇月一〇日）に連載された「鉱毒被害地及足尾紀行」に集中的に語られている。

そのうち前者の「渡良瀬川沿岸の人民を如何せん」では、「余輩は固より足尾銅山の国家に及ぼすの利益を知」り「間接に直接に幾千の人民に衣食せしめ」ていることから「豈に其業の益々隆盛なるを望」むものの、「之れが為めに害毒を被るもの已に幾千人」あるため「後来の惨害」は今より以上に「大ならんとするの虞あり」との危惧を表していた。そこには国家の発展と国民の疲弊との板挟みに苦悩する、元国家官吏の横井の揺れる心境が見え隠れしている。

また、後者の「鉱毒被害地及足尾紀行」には横井の被災地への視察が詳しく描かれている（以下二一号～二三号からの引用であるが、号及び頁数は記載しない）。時期は明治二四年であるが、横井は栃木県下の有志から「是非とも余に来遊し、農事上の講話を」して貰いたいとの申し出があったので、「倉皇行李を収めて」八月二〇日に足利に向けて出発した。つまり、横井も古在や長岡等とは別に、栃木県下の有志から個人的に調査の依頼を受けていたことになる。

　八月二〇日、足利停車場には「地方の志士」長祐之が「態々」出迎えていた。渡良瀬川を観察した横井は「思いし程の大河にはあらざる」が、「河底州積如何にも洪水の患多かるべし」との感想を抱いた。その後、住民から梁田郡山辺村大字朝倉（現足利市朝倉町）に設置されていた鉱毒試験田に案内された。言うまでもなく栃木県が設置した六カ所の鉱毒試験田の一つである。横井は「引かれて之を一見する」と「稲草の生育以ての外宜からず」との印象を受けた。その日は足利郡毛野村字北猿田（現足利市）の早川忠吾宅に宿泊した。早川家は渡良瀬川に面しており「従来回漕を以て家業と」していたが、現在では「業全く廃れ」ていた。

　翌二一日は来訪した長と共に被害地を巡回した。この日は足利郡毛野村大字大久保に設置された鉱毒試験田の視察に向かった。前日に続く鉱毒試験田の視察である。同地は平素であれば豆類などが出来過ぎるほどの肥沃な土地であったが、今では「余りの哀れさに標本として病み衰たる作物数種を採集」して、帰京の土産とするほどであった。

　この後同郡の吾妻村を通過して安蘇郡植野村（現佐野市）に至った。そこでは新井太郎村長、吾妻村の亀田佐平村長等と共に植野村大字船津川と吾妻村大字下羽田に設置された鉱毒試験田を「検視」した。これで栃木県が設置した六つの鉱毒試験田のうち四カ所を視察したことになる。そこでは、いずれの場所も「除害の方皆な同じ」であるが、深耕が効果的である所と、石灰が効果的である所がある等、場所によって差異が見られることを指摘した。さらに、栃木県下の被害地は畑に多く田に少ない傾向があることを指摘していた。この指摘は古在、長岡の報告書の中にも見られたが、横井は僅かな観察で同様の事態を洞察していたことになる。横井はこの日亀田等と別れた後、県境を越えて雲龍寺のある群馬県邑楽郡渡瀬村早川田に赴き、再び栃木県に戻り梁田郡久野村（現足利市）の被災地を視察した。

三日目の二二日は梁田郡梁田村役場が主催する農談会に出席して農事上の講話を行っている。聴衆は一五〇人ほどであった。農談会は二四日にも梁田郡久野村でも開催されており、聴衆は一昨日を遥かに上回る二五〇人にも及んだ。二五日は足尾銅山を「一見すべ」く足利町まで出向き同地で一泊した。横井は「之を見極めざらんは余の本文に於て安ぜざる所なり」と述べていたところから、足尾銅山の見学はこの視察旅行の重要課題であったのであろう。

八月二六日に横井は亀田吾妻村長、長純一郎梁田村長、長祐之その他二名の計六名で足尾銅山に向かった。途中の景観は「満山寂々として蒼樹あることなく唯た大なる伐株の星列し居るを見るのみ」で「土砂流れ去りて山骨露るる処多し」とあった。当日は足尾に宿泊して翌二七日に足尾銅山に至った。選鉱所から流れ出る「水の混したればなり、固より飲用に供すべからず、如何にも毒ありけに見え」たとの感想を漏らしていた(2)。

足尾銅山にある事務所に赴くと、戸田と名乗る事務員が応対した。戸田はこれより前の同年五月六日に、長が事務所を尋ねた際、応対したまさしくその人物である。長とは再会ということになるが、今回は横井等一行と「暫く談話」をすることになった。一行は戸田の話から足尾銅山の事業が「益々盛大」であることに驚き、関係者が銅山と呼び捨てにせず、「必ず銅山様と云ふ」とのことを知らされたのであった。それは足尾銅山が莫大な利益を生み出していたことを如何なく示すものであった(3)。

この視察を経て、横井は鉱毒被害の実情を目の当たりにする一方で、足尾銅山の生み出す莫大な利益との間で、苦悩したのではないかと思われる。それでも横井は視察記の最後に、県下の有志による地質調査所への土砂分析の依頼が「争う程の価値もなし」として却下されたが、「飢餓に迫り、路頭に彷徨するの虞あるもの」が多数存在する現実を前にして「大方の君子之を聞きて如何なる感かある」との認識を示していたのであった(4)。

二、横井の経歴と処遇

ところで、横井は『産業時論』の掲載記事以外にこの視察に関する報告書を出さなかったのであろうか。公的な視察ではないため横井にその義務はないが、一私人とはいえこの領域の専門家である以上、何らかの形で報告書を著すべきではなかったかと思われる。あるいは先に述べた「鉱毒問題の歴史」がそれに該当する可能性もなくはない。その点はともかく、これまで述べてきたように横井は鉱毒問題に深い関心を寄せ、実際現地の視察に赴いていたのであった。

横井時敬

では、そのような経歴を持った横井が何故、第一次、第二次とも鉱毒調査委員会のメンバーに選出されなかったのであろうか。前者の場合、古在が留学中で不在であったとすれば、横井こそ最適の代役であったと考えられる。ただし、横井は決して古在の代役とされるような存在ではない。

というのは、横井は万延元（一八六〇）年の生まれであるから、古在よりも四歳上であり、駒場農学校では明治一九年卒業の古在よりも六年前の明治一三年に卒業した先輩である。研究業績をみてもこの業界で二人は並び称される存在でもあったといえよう。足尾鉱毒事件では「田中正造よりも早く」古在とともに「農学者としてその公害を摘発した」といわれている。(5) そうした存在だからこそ横井が選出されなかった事情の検討が必要となる。

そこで、その手掛かりを求めてまず横井の経歴を辿っておきたい。横井は熊本藩士横井久右衛門の四男として生まれ、明治一三（一八八〇）年に駒場農学校の二期生として卒業している。(6) 同期生二二名のうち横井は首席で卒業した。ちなみに酒勾常明は横井と常に首席を争っていたが、二位は恒藤規隆であった。恒藤と横井それに古在は最初の農学博士であることは述べた。酒勾の授与はそれより三カ月後であった。

横井は在学中、語学力と理化学、特に無機化学の実力が「群を抜いて優秀であった」といわれている。語学力が優れていたことは古在とも共通する素質であった。農学科を卒業後に農芸化学科にも学んだが、慢性気管支炎のため「退学のやむなきに至」った。(7) 農学科の卒業で、農芸化学科中退の経歴は同期生の大内健とも同じである。

学業を終えてからしばらくして、福岡県農学校の教諭として明治一五（一八八二）年三月に赴任する。その後明治二〇年に福岡県勧業試験場長となり、明治二二（一八八九）年フェスカの後押しで農商務省に移籍するまでの七年間福岡県に居住する。福岡県に在職中塩水選種法を考案したことはよく知られているが、その経緯はひとまず省略しよう。なお農商務次官の前田正名と意見の衝突があり、同省を翌明治二三年に退職している。

その後明治二六年に帝国大学農科大学に講師として就任することになる。したがって、足尾銅山の視察に赴いた明治二四年は、自身が認める「浪人時代」であったことになる。教授に昇格したのは明治二七年である。東大農学部には大正一二（一九二三）年まで在職し、退官後は自らが育てた東京農業大学の学長となる。古在が総長となったのはそれより少し前の大正九年であったから、古在の総長時代に退官したことになる。

これまで横井の経歴を簡単に辿ってきたが、横井は主に農業技術の改良と農業教育の育成にかかわってきた。とはいえ、そこから鉱毒調査委員会のメンバーに選出されなかった事情を見いだすことは困難である。第一次の明治三〇年も第二次の明治三五年も、いずれの鉱毒調査委員会の際も横井は東大農学部の教授を務めていたので、選出されても不自然ではない。強いて探りを入れれば、初代の松井直吉農科大学長（農学部長）が病気のため退任の意志を表した時、横井がその後任として取り沙汰されたが、後輩の古在が就任することになった。[8] その事情は不明であるが、「毀誉褒貶」の多い横井の「強烈な個性」が災いしたとも言われている。[9] そうした事情が鉱毒調査委員会のメンバー選出に作用したのであろうか。あるいは全く別な事情があったのであろうか。いずれも推測の範囲でしかない。

ところで、古在と横井は東大農学部の卒業生のうち、双璧ともいわれる存在であったことは述べたが、研究業績は別として、両者の経歴には格段の違いが見られる。というのは、古在の職歴としては明治三六年に二代目の農商務省農事試験場長、明治四四年に二代目の帝国大学農科大学長（農学部長）、そして大正九年に一〇代目の東京帝国大学総長を歴任している。そのほか九州、京都両帝国大学の農学部の設置にも関与していた。

それに対し横井の職歴としては、東大農学部教授のほかには東京農業大学学長を務めた程度である。そうしてみると、同じ東大農学部教授でも、主流の古在に対して「農学と農業教育の人」[10]であった横井は傍流という感がなきにしもあらずである。ただし、横井が死去した昭和二（一九二七）年には『農業教育』、『大日本農会報』、『帝国農会報』のいずれも一二月号で追悼の特集が組まれたが、そこに追悼文を寄せた人々は「多彩で多数であ」った。そのことは横井の「多大な影響」力を物語っているといえよう。[11]

三、第二次鉱毒調査委員会と報告書の提出

明治三四年末の田中正造の天皇への直訴、そして年末から年明けにかけて帝国大学その他の学生たちによる被災者支援の活動等もあったが、足尾鉱毒問題は依然出口の見えない状況が続いていた。そこで、政府は再度鉱毒調査委員会の発足を決定することになる。

第二次鉱毒調査委員会は明治三五（一九〇二）年三月一五日、第一次桂太郎内閣の下で発足した。直後の一七日から順次委員が任命されていく。そして、四月二三日に一人の追加があり、最終的には総勢一六名であった。委員長には内閣法制局長官の奥田義人が就任した。奥田はかつて東京農林学校が設置された際、農商務省参事官との兼務で幹事を務めた人物であることは述べた。古在も委員に加わっており、両者は因縁浅からぬ仲といえよう。奥田は九月に病気を理由に退任したため、後任には内閣法制局長官の後任となった一木喜徳郎が務めることになる。

委員には渡辺渡、本多静六、中山秀三郎等東京帝国大学の農科、工科、医科、理科の各大学教授が、古在を含めて七名含まれている。それ以外では田中隆三農商務省鉱山局長、若槻礼次郎大蔵書記官、井上友一内務書記官等中央省庁の官僚、野田忠広内務技師、村田重治営

林技師それに農業試験場技師の坂野初次郎等技術官僚である。坂野は第一次に続いて選出されたが、第一次の委員で前年臨検に立ち会った長岡は参加していない。直後の明治三六年に欧州への留学を控えていたので、あるいはそれが外れた理由とも考えられるが、後述する嘱託員には名を連ねている。若槻は直後に設置された大蔵省醸造試験場の二代目の所長となることは述べたが、そこには先述したように矢部規矩治ほか古在の弟子が多数採用されていたので、若槻もまた古在との因縁を深めていくことになる。

その後の鉱毒調査委員会の進展を概観しておきたい。三月一八日に第一回の委員会が開催されたが、その日に桂首相は「去ル明治三十年ニ於テ特ニ調査委員会ヲ設ケ、其意見ヲ徴シ主務大臣ヨリ当業者ニ向テ予防命令ヲ発シ特種《ママ》ノ設備ヲ為サシメタノデアリマスケレトモ、今日ニ至ルモ猶ホ世間物議ノ終局ヲ見ルヲ得サルハ遺憾ノコトト存ジマス」と述べて、第二次鉱毒調査委員会を発足する趣旨を表明した。

第二次鉱毒調査委員会では、鉱毒被害の実態、予防措置、被害対象への補償、救済等を調査、検討することを課題としたが、三月一八日に第一回の委員会を開催してから、翌明治三六年一〇月七日までの間に二〇回の委員会を開催した。その一方、各委員はそれぞれ専門の立場から現地調査をおこなったり、資料を取り寄せたりして活動を行っていた。

各委員の個々の活動状況をみていくことは本論の意図するところではないので、古在や坂野の発言や行動を中心にみておくことにしたい。

古在は第一回の委員会で、「魚類ニ有害ナリトノ世論アルニ委員中ニ水産学者ナキハ如何」との質問を発したが、この質問はそれ以後の委員会でも繰り返していた。例えば一〇月二九日の第六回の委員会では水産専門家を加えることは「必要ニ任スル」ため「漠然タル返答ヲナスコトハ出来」ない。そこで、水産専門家を嘱託して「一応ノ取調ヲナサシメタル上ニ決定スルコトニナシテハ如何」と述べるとともに、さらに水産嘱託員に水産局技師の奥健蔵、西村寅三郎の「依託セハ或ハ便利ナラント考」ていることを付け加えた。(12)

古在の意見は取り入れられることになり、奥と西村は一〇月三一日の第七回の委員会に出席を許された。そこで両者は実地調査に二、三週間あれば材料の蒐集は困難ではないとの見解を表明していた。(13)古在はこのような提言以外にも、学術上の調査には助手が必要であるため、調査委員会にて任命しては如何との提言も行っていた。これに対して委員長は委員の数には限りがあるため、助手を加えることは困難であるが、委員が調査を行うにあたって必要な場合は官庁に依頼することが出来るとした。(14)

この提言も実現することになる。その意味では鉱毒調査委員会にあって、古在は幾つかポイントとなる提言を行ってはいたが、他の委員に比べて、古在の提言や行動が突出していたという印象はない。例えば、この鉱毒調査委員会で行う調査は、前回の鉱毒調査委員会で行われた調査結果を照合する必要があることや（第一回）、奥田委員長が一一月の帝国議会で答弁に間に合わせるべく、視察調査の終了をそれまでとする提案に対して、農事の性質上一一月までに「終了シ能ハザルモノアレトモ」継続して「遂行スヘシ」との発言を行っていた（第五回）ことなどが見られる程度である。

鉱毒調査委員会の進展を見ると、開始後の四月三日から八日までの六日間、二組に分かれて被害地への視察に出向いた。第一組は渡辺工科大学教授、日下部弁二郎土木監督署技師、神保小虎理科大学教授、河喜田能達工科大学教授、中山工科大学教授の五人。第二組は奥田委員長、田中鉱山局長、野田内務技師、井上参事官、若槻参事官、そして古在と坂野の七人であった。村田営林技師、本多農科大学教授、中西清一法制局参事官の三人は参加していない。医科大学助教授の橋本節斎も任命が四月二三日であるため、ここに参加はしていない。

行程としては第一組が東京から足利、館林、古河と進み、第二組はそれとは逆の行程を進んだ。開始にあたって奥田から視察地の知事に宛てて指示が出されたが、それには実地の視察では「紛擾」を避けるため、極秘に近い要領で、しかも、特別の依頼を除いては案内及び説明をも排し、視察の妨害がないよう警備を依頼するとのことであった[15]。この依頼は現地の被災民による視察委員に対する請願や要求の提出があり、それが視察委員との軋轢を生むことになる事態に対応したためであったと思われる。

この視察は各委員に取り敢えず実地検分を促したものと思われるが、この視察に関しては四月一五日に要綱が桂首相に提出された。そこでは今後の調査は六カ月以内に終了して報告書を提出することが申し合わされていた。

先に各委員がそれぞれ専門の立場で現地調査を行ったり、資料を取り寄せたりしていたことを述べたが、古在や坂野もこの後現地調査に出向いた。古在にとって今回は二度目の現地調査ということになるが、坂野に至っては数えるのが困難なほどの回数である。

鉱毒被害の調査にあたり、古在の提言にあったように嘱託員が採用された。古在の関係では一五人が選出された。具体的なメンバーとしては農事試験場技師の内山定一、農科大学助教授の長岡、豊永、麻生慶次郎、上野英三郎、高等師範学校教授の佐々木祐太郎、それと農科大学の講師、助手が三名、大学院生が六名であった。前年の臨検に立ち会った三人のうち、長岡と豊永は加わっているが、横井の名はここでも見られない。

一〇月から翌明治三六年の三月にかけて、井上友一の報告書を最後に各委員から調査報告書が提出されていくが、古在名義の報告書としては「鉱毒被害地に於ける桑樹収穫に関する報告書」、「鉱毒被害地に於ける土性調査に関する嘱託員恒藤規隆・同鴨下松次郎の調査成績報告の件」、「栃木、群馬、茨城、埼玉四県に於ける鉱毒地調査報告書提出の件」、「鉱害地分類表提出ノ件」等々一二冊にも及んでいる。[16] 報告書は全部で二五冊であるからほぼ半分である。この中には坂野との共同名義も一つ含まれているが、坂野の単独名義の報告書もあるので、古在や坂野がこの調査に賭けたエネルギーはかなりのものであったといえよう。

これらの報告書はすべて明治三六年三月二日付で桂首相に提出された『足尾銅山ニ関スル調査報告書』に添付されたものであるが、作成はほぼ前年の一一月、一二月に集中している。そのうち「栃木、群馬、茨城、埼玉四県に於ける鉱毒地調査報告書」も一一月から一二月にかけて分冊として提出されている。そこには長岡の報告も含まれている。

その報告書によれば、古在は明治二五年二月に『官報』で鉱毒被害地の調査結果を示したが、その際は「未ダ学術的ノ反駁ヲ蒙リシコトナキノミナラス爾来諸種ノ方面ニ於ケル研究ハ直接若クハ間接ニ之カ正当ナルヲ証セ」たが、「世猶疑惑ヲ之ニ挟ムモノアル」ので「本員ハ従来重ナル諸研究者ノ試験成績ヲ概括論評シ其矛盾スル所ヲ明ニシ以テ本員ノ所論ヲ確メントス」と述べていた。[17] そこには何度も自己の学説に対する反論があったことを窺わせる。そのことから考えると、今回の報告書は反論に対する自己の所論を再度論証する場として位置づけたものということにもなる。

そこでは鉱毒地の調査にあたり、化学者のチヒルが「多量ノ硫酸銅ヲ土壌ニ混シ瓜蛙薯及小麦ヲ栽培セシニ豪モ異状ヲ見サリシト云」うのに対して、ロイブやデヘラン、デムシー等の見解に依拠しつつ、「銅分ノ痕跡ヲ含ム水中ニアリテ幼植物ノ根部枯縮スルコトヲ説キ銅分ノ植物ニ激毒ヲ与フルコトヲ論セリ」とした。さらにロイブ等研究者の試験成績と観察による事実は、いずれも銅塩の植生に激毒なるを証明するもので、チヒルの所説と背反している。そのため「人ヲシテ其何レカ正シキヤヲ判定スルニ困」るのであれば、「試験ノ方法、土壌ノ性質等ヲ考究」し「斯ノ如ク矛盾スル所以自カラ明ナルニ至ルヘシ」と指摘していた。[18] ロイブはケルネルの後任として東京農林学校で学生たちの指導を行っていたことは述べたが、その学説は古在等の傾倒するレベルであったことになる。

四、古在の調査実態とその疑問

報告書ではその他にも鉱害地調査方法、鉱害地ノ面積及其分類等が掲載されていたが、そこで行われた調査の実態はどのようなものであったのであろうか。

『古在由直博士』所収の「足尾銅山鉱毒調査の始末」、「古在先生聞き書」には足尾鉱毒の調査に関係する記事が掲載されている。そのうち後者では「足尾の鉱毒を調べに行つた時、何の村へ行つても陳情者という奴が来るのや。そうして同じ顔の男が終始目につくから、或る時其の男に「君は日当を何程貰つて居るのか」と言つて遣つたら、変な顔をして居たが、それから僕のところへは来なくなつた。いつの時代でも斯ういうてあいが多いもんだよ」とある（三〇八頁）。

また、前者には「大学新聞所載」とあることから、東大の学内紙からの転載と思われるが、鉱毒被災地の調査の模様が掲載されている。四頁近い分量のため全文を引用することは出来ないので、適宜部分的に引用しながら要約して述べていきたい。

そこでは「沿岸一帯の実情調査」が困難との理由で進捗しない鉱毒調査委員会の対応に業を煮やした古在は、農科大学の弟子たちや「測量に関しての権威者たる」農業土木の上野英三郎助教授の助力を得て、実情調査に取り掛かることになった。古在の「徳望」から集まった農科大学の関係者は、「かねてから」用意していた渡良瀬川沿岸の五万分の一の地図を広げて、沼や藪、畑や林等に碁盤の目のような赤い線を引いた。そして、碁盤の目一目ずつを数人が受け持ち、地図に従って土壌や植物、水を採取したのである。

その作業にあたっては、銅山側の見張りの隙を見て田畑に入り込み、沼では舟から沼底の土壌を引き上げた。採取した土壌や植物、水等は東京に運び、農科大学の分析場に持ち込まれた。「次から次へと」持ち込まれた土壌や作物、水は、古在が考案した鉱毒の分析方法により処理されていった。

足尾銅山側では「鉱毒を流すに平然とするを得」ないため、夜間や雨の降る時を見計らって鉱毒水を流した。そのため一行は沿岸の測量や調査を行うにあたって、カンテラをさげて、「這う様にして沿岸」に近づかざるを得なかった。時には見張りの立ち去るのを待つために、「幾時間となく吹きすさぶ風に吹かれて」渡良瀬川の河原にうずくまったり、見張りに追い詰められたため沼を泳いで逃げたこともあり、「危く命を拾つた連中も」いたほどであった。「すべてが命懸けの仕事で」あったが、鉱毒調査委員会の「委員連中に到底不可能とせられ、無謀のそしりさへ加えられた」古在一行の調査は、「僅に二カ月間で完成」することになり、「三県下にわたる渡良瀬川一帯の土壌と作物の分析表は見事に出来上つた」とのことであった（二〇二頁～二〇五頁）。

以上が大学新聞に掲載された古在一行の鉱毒被害調査活動の光景であるが、幾つか疑問とすべき点がある。熊沢氏もこの記述に対して「多少の誇張があるようである」としているが[19]、「誇張」以前のこととも考えられる。そこでひとまず上述の記事が事実であることを前提として検証を進めていきたい。

まず、この調査活動が行われた時期であるが、二〇回に及ぶ委員会の開催のうち、第五回の五月三〇日から第六回の一〇月二九日までの約半年間委員会は開催されていない。この時期に「盛夏の頃殆んど寸時の休息をなすことなく」調査が行われていたという指摘がある。[20]それは古在一行の調査に限られるものではなく、おそらくは他の委員たちも同じであったと思われる。それは疑問というより時期の特定作業であるが、疑問とすべきことはそれ以外のことで、少なくとも三点ある。

まず、一点は鉱毒調査委員会の進展が見られない状況に対して、古在は「実情調査が年月と経費が甚だしくて困難であるならば私がやつて見せる」と宣言し、調査に取り組んで調査表を完成させると、鉱毒調査委員の面前に提出し「一同をして唖然たらしめ」たとある。さらに足尾銅山の態度をも難詰したため、「銅山側の連中も遂に一言もなく事件はとんとんと進捗するに至つた」とある。

鉱毒調査委員会が「何等進捗しない」ことはありえたとしても、現場の調査は古在一人が行っていたわけではない。これまで見たように調査は各委員が行っており、報告書も古在と前後して提出されている。したがって、古在一人が孤軍奮闘しているような描写は事実と反する。恰も偉人伝を作成するために事実関係を捏造しているようなものである。まして、この委員会で「政府が現地調査をしないなら、古在が私費をもって調査致します」などという発言はありえないはずである[21]。

二点は古在の調査が命懸けであったような描写となっているが、古在の調査活動は内閣に設置された鉱毒調査委員会から公認されているものである。したがって、足尾銅山側が調査活動の妨害を公然と行うことは出来ないはずである。調査をおこなった委員の中には「古河のお抱え学者」といわれる渡辺工科大学教授や、「鉱業停止などあり得ぬと放言」して憚らない田中鉱山局長等の足尾銅山側に立つ委員もいた[22]。足尾銅山側が調査する委員の思想的立場をその都度識別して対応していたとは考えられない。鉱毒調査委員会が調査活動を実施する際に懸念を示した妨害というのは、調査中被災民から請願や要求が出されることにより、各委員の調査活動に差し障りが生じるということではあり得るかもしれない。とはいえそれを妨害とは呼べないかもしれない。

三点は古在が「あのときほどいそがしい二カ月はなかった、十分間でいいから休息をしたいとおもった」との感想を漏らしていた。これは子息の由重が古在から聞いた言葉であったようであるが、それは十分ありえる事実である。さらに、由重は母親から「あのときには誘惑や脅迫がずいぶんあったんだよ」とする感慨も記憶している。

ではどこから誘惑や脅迫が行われたのであろうか。足尾銅山側からの誘惑であれば考えられるが、脅迫とは何であろうか。被災地の住民の訴えが極めて必死であったことが、古在にとってそれが脅迫と映ったものであったのか。それとも足尾銅山側からの圧力を意味するのであろうか。先に述べたように、古在の調査活動がたとえ足尾銅山側にとって不利なものであったとしても、調査活動自体は公認されたものであるから、足尾銅山側から生命の危機に及ぶような脅迫があったとは考えられない。それは足尾銅山側が調査を妨害していたような光景に対して、疑問を提示した先の解釈にも通じるものである。確かに古在にとっても、「鑑定の結果」を「明らかに足尾銅山の毒だと言い切るためには勇気を要した」ことはあるかもしれないが、(23)それが生命の危機にまで及んだとは考えられない。

以上、大学新聞に掲載された調査の実態に対して、疑問とせざるをえない部分を抽出してみたが、もう一つ別の視点から言えば、そこには時期的な事実誤認があったのではなかろうかということである。というのは鉱毒調査委員会の開催中とすれば、以上のような疑問が生じるが、明治二四年段階の古在の行った調査活動であれば、そこに展開した光景は十分考えられるということである。(24) つまりその記事に掲載された事実関係は、メンバーの構成から判断してもそれよりかなり前の時期の出来事であり、それを鉱毒調査委員会の開催中の出来事として混同して記載したということである。

鉱毒調査委員会は先述したように明治三六年一二月四日に廃止され、翌明治三七（一九〇四）年に入ると日露戦争が始まり、世論は急速に足尾鉱毒事件から日露開戦へと向かっていくことになる。

（1）三好信浩『横井時敬と日本農業教育発達史』（風間書房　二〇〇〇年）三七二頁～三九九頁。

（2）『産業時論』二二号（一八九一年）所収「鉱毒被害地及足尾紀行」。

（3）同前二二号所収「鉱毒被害地及足尾紀行（承前）」。

（4）同前二三号所収「鉱毒被害地及足尾紀行（承前）」。

（5）木村靖二「まけじ魂の原点―熊本洋学校・駒場・福岡時代―」（『大日本農会報』一九七六年一一月号所収）四頁。

（6）横井の経歴に関しては「横井時敬年譜　明治一年～昭和二年」（『大日本農会報』一九七六年一二月号所収）六一頁～六九頁。

(7)「まけじ魂の原点―熊本洋学校・駒場・福岡時代―」五頁。

(8)それでも古在は横井に配慮して一度は「即座に断はられた」が、浜尾新東大総長の説得もあり引き受けることになったとの指摘がある〈末次直次「古在由直伝」〈『近代日本の科学者』第一巻所収　人文閣　一九四二年〉一七九頁)。

(9)『横井時敬と日本農業教育発達史』一頁。

(10)同前五二頁。

(11)三好信浩『日本農業教育発達史の研究』(風間書房　二〇一二年)一〇五頁～一〇六頁。

(12)『影印本足尾銅山鉱毒事件関係資料』一七巻　二七三頁、三三三頁、三三五頁。

(13)同前三三八頁。

(14)同前二六八頁。

(15)『足尾鉱毒事件研究』三六七頁。

(16)『影印本足尾銅山鉱毒事件関係資料』三〇巻　三七一頁～三七四頁。

(17)『足尾銅山ニ関スル調査報告書ニ添付スヘキ参考書』二(国立公文書館所蔵)一頁～二頁。

(18)同前三頁～四頁。

(19)「古在由直博士と足尾銅山鉱毒事件」八二頁。

(20)安藤広太郎「古在先生を追憶す」六二頁。

(21)『梢風名勝負　原敬決闘史』六六頁～六七頁。

(22)菅井益郎「足尾銅山鉱毒事件(下)」(『公害研究』三―四所収　一九七四年)六一頁。

(23)「座談会田中正造」(『世界』一九五四年九月号)一七一頁。古在由重『人間賛歌』(岩波書店 一九七三年)一七六頁。

(24)後藤秀機『天才と異才の日本科学史』(ミネルヴァ書房 二〇一三年)では、命懸けで見張りの目を盗んでサンプルを集めた光景を明治二四年としている(五九頁)。

おわりに

本論は足尾鉱毒事件を農学者たちの動向に視点を据えて捉えたものであるが、若干の総括を行って終わりとしたい。

これまで古在の足尾鉱毒事件に向き合った姿勢に関して、例えば古在は鉱毒調査委員会の委員たちに「到底不可能とせられ、無謀のそしりさえ加えられた」実地の調査を二カ月間で完成させて、啞然としている委員を前に「かかる分析表に接して、同時にかくの如く付近一帯の土地が鉱毒の害を受けているという立派な実証に面して如何とする」としたので、「鉱山側の連中も遂に一言もなく事件はとんとんと進捗するに至つた」（『古在由直博士』二〇四頁～二〇五頁）とあるように、足尾鉱毒事件の解決のために孤軍奮闘した人物像が浮かび上がってくることは否めない。

確かに古在の果たした役割は大きいかもしれないが、そのような武勇伝的な描写の仕方は果たして適切なのであろうか、という疑問を絶えず抱き続けていた。その思いは、帰国後から第二次鉱毒調査委員会の委員に任命されるまでの約一年半もの間、足尾鉱毒事件に拘わらなかったのは何故であろうかとの疑問に関連する。そのことから考えられることは、古在は足尾鉱毒事件の調査を依頼された場合のみ関わるが、自ら積極的には関わろうとはしなかったのではないかとの解釈にも辿り着くことになる。

では、どのような事情が古在をして足尾鉱毒事件の真相解明に立ち向かわせたのであろうか。考えられることは、古在には被害に悩む住民を救済する人道的な側面はあったであろうが、それ以上に自分の専門領域でもある農芸化学の観点から、その実態を「是非とも究明しなくてはならぬ」と認識していたことであろう。(1) 鉱毒調査委員の中には渡辺渡や田中隆三のように鉱毒害を否定するような認識を持つ委員が含まれていたことは述べたが、古在の関心はそのような学説や認識を克服し論破する学問力にあったのではなかろうかと思われる。つまり、古在の関心は自己の専門領域の検証と実証であったのではなかろうか。

その際、五年間にも及ぶ海外留学で研究に精進してきたのであれば、鉱毒問題に対しても新たな知見が備わっていたはずである。その知見から鉱毒事件に対して提案すべきであったはずである。しかし、鉱毒調査委員会のメンバーに選ばれ、幾つかポイントとなる提言をしてはいたものの、海外留学で学んだ新知識がその委員会で、どのように生かされたのかについては、必ずしも明らかにはなっていない。そのこととも関連するが、かつて「欧米科学の新知識紹介の役割」を担うとしたケルネルの門下生たちの意気込みは、ロイブの学説に依拠しながら反論を試みていたことに表れてはいたものの、鉱毒調査委員会にあって必ずしもその雰囲気が伝わってはこない。

さらに、検討すべき課題としては、古在の活動を通して見えてきた「国家と学者の緊張関係」ということである。(2) これは古在にかかわらず横井の認識にも見られたし、鉱毒事件に対して批判的な論陣を張ってきた『毎日新聞』主筆の島田三郎にも見られる。

横井に関しては既に述べたが、再確認をしておくと鉱毒の原因が足尾銅山にあることを認めつつ、その一方で足尾銅山が国家に及ぼす莫大な利益を認めざるを得なかったことであった。その利益とは銅山開発が幾千人の人々の生活を支えるものであり、貿易にあたっては銅が重要な輸出品目となること等であった。(3)

また、島田は「鉱毒問題に就ては其の頃、足尾銅山は国家の一大宝庫である、この鉱業を停止するには予防方法が絶対に無いと極つた時に行うべきもので、今日では種々の機械力も進んで居り科学も進歩して居るから、先ず鉱毒予防の研究を為し然る後に停止すべきものであると云はれて居りました」との認識であった。(4) ジャーナリズム界にあって鉱毒批判の急先鋒の一人であった『毎日新聞』主筆の島田にあっても、国策の重圧を前に譲歩をせざるを得なかったのである。

古在にあってもそうした圧力から逃れられなかったことは同じではなかったのであろうか。というのは、既に小松裕氏が鉱毒調査委員会で「古在由直や坂野初次郎にしたところで、谷中村の買収価格一反歩三十円を五十円にするように、多少なりとも救済の色をつけるよう主張した程度であった」と指摘しているように[5]、古在にしても鉱毒調査委員会で被災民の立場に立ち続けたとも言い切れない場面が見られるからである。

その意味では「学者についてみれば、「反体制を貫く!」などといった決意をするまでもなく、淡々として自己に忠実に行動したのだと解釈した方がよさそうだ。このような解釈は、古在・長岡両助教授が、その後どのような人生を歩んだかを考えれば当然のことであり、また当時の林学者(原文のママ)や川俣事件に関与した裁判官の言動をみれば当然わかることである」との指摘が的を射ているように思われる[6]。古在にあっては国家に抗する立場をとり続けることなどありえなかったと考えられる。あくまで自分の専門領域からの発信であり、その限りでの学問的な良心に基づいた対応であったといえよう。

では、古在と田中との交流はどの程度にあったのであろうか。木下尚江『田中正造之生涯』

（昭和三年）でも指摘されているように、明治三六年九月二六日の田中の日記に「三宅三好古在厳本を訪ふ」とあることから（三七一頁）、両者が接触したことは確認出来る。(7) しかし、それまでに田中の日記や書簡の中で頻繁に古在の動向が確認出来るわけでもなく、また古在も常日頃田中を意識していた様子は見いだせない。(8)

田中は「資本主義はあるべからざる害悪という憎しみをもつてみられたので」あって、「運動のスローガンも鉱業停止一本やりでいくわけで、資本主義の必然性を認めて技術的に鉱毒をもつと合理的に処理しろという要求」を持つまでの「知識もない」とある。(9) 古在がどのような国家観を抱いていたのかはまだ十分には語られてはいないが、少なくとも国家権力と人民闘争という緊張関係の中で生き抜いてきた田中と、自然科学研究の窓口を通して社会的な矛盾と接触してきた古在とでは、共通の接点は極く限られた範囲でしかなかったと考えられよう。

第二次鉱毒調査委員会が明治三六年末に閉幕してから、時代は足尾鉱毒事件への関心から日露戦争へと向かっていたことは述べたが、足尾銅山が正式に閉山したのは実に昭和四八（一九七三）年のことである。そこまでの期間を見渡して考える必要はないが、足尾鉱毒事件にかかわった農芸化学者のうち、長岡、坂野、沢野等は比較的短命に終わったことは述べた。それに対して古在は七一歳、横井は六八歳と比較的長命であったが、そのうち古在はこの後明治四二（一九〇九）年四月にも鉱毒調査委員に任命される。[10] その活動がどのようなものであったのか、今ここに解明する史料を持ち合わせてはいない。その委員も大正二（一九一三）年には解任されている。そして、それ以後表面的には足尾鉱毒事件にかかわることなく生涯を送ることになる。横井もまたこの後は鉱毒問題にかかわることなく生涯を終えている。

そのことがそれ以降、鉱毒事件に対して無関心であったことにはならないが、古在はこれ以降、大学行政に忙殺されることになる。古在のエネルギーの殆どはその方面に注がれることになったといえよう。

津田仙

それに対して、大学や試験場等の研究機関に属さない、在野の立場から足尾鉱毒事件にかかわった津田仙に関して若干述べておく必要があろう。津田が足尾鉱毒事件にかかわった経緯については、明治三〇年に貴族院議員の谷干城ほか複数の人物と被災地への視察に赴いていたことに見られた通りである。

それは、津田が「社会問題に関心と情熱とを失う事」なく、「足尾鉱毒問題についてもキリスト者としてのヒューマニズムの立場から強い関心を示し」ており、「僚友」厳本善治、内村鑑三等と「鉱毒救済運動に或いは社会的関心の喚起に積極的に協力している事などがその例である」と記載されていることに関連している。(11)

このことから津田が足尾鉱毒事件にかかわったことの大局的な意味は理解出来るとしても、鉱毒事件にかかわるようになった直接的な動機がどこにあるのかは必ずしも明らかではない。津田の経歴(一八三七～一九〇八年)を見ても、慶応三(一八六七)年に福沢諭吉等と渡米した後、築地でのホテル勤務の間に西洋野菜の価値を知り麻布に広大な農場を開設したことが、農業とのかかわりであった。その後も明治六(一八七三)年ウィーン博覧会に随行して農業の研究にあたったとはいえ、「生粋の百姓育ちでもなければ、研鑽の功を積んだ農学者でもない」ことから、(12)古在のように農芸化学を専門とする科学者が自らの専門領域の立場から足尾鉱毒事件にかかわったケースとは明らかに異なっているといえよう。

では、津田は谷等と被災地に視察に赴くまで、足尾鉱毒事件にどのようにかかわってきたのであろうか。津田が明治九(一八七六)年一月に創刊した『農業雑誌』で、足尾鉱毒事件に関する記事を確認すると、明治二五年六月五日号に「足尾銅山の鉱毒は試験上果して作物に大害あり」、また六月一五日号に「農務局試験場に於ける銅害の試験」が確認出来る。そこでは「今まで良田たりし地も一度此泥砂に合えば忽ち痩薄となり従前の収穫を得る能はず」、「沿岸諸村の農家は頓に途方に呉れ」と述べ被害地の実情を訴えている。その時期はまさしく古在や長岡等が報告書を発表していたのとほぼ同時期である。

ところが、その後同誌に足尾鉱毒に関する記事が掲載されるのは、明治二九年一二月五日号の「雑報」欄に足尾鉱毒に対する栃木県会の建議が掲載されているのみである（欠号の未確認部分を除く）。津田はその後も継続して足尾鉱毒問題に関心を示していたということにもならない。明治三〇年に谷等と被災地への視察に赴いたのは、農学研究というよりもキリスト教的人道主義の立場からといえよう。そのことから考えると、「足尾鉱毒問題では、わが農学界から古在由直、津田仙等が活躍した」とする評価は[13]、両者の依拠する立場を考えるとき同質の範疇で語るべきではない、と考えられるのだが。

（1）『梢風名勝負　原敬決闘史』六五頁。
（2）堀口修「足尾銅山鉱毒事件と科学者古在由直博士」五五頁。
（3）「渡良瀬川沿岸の人民を如何せん」三頁。

（4）『義人全集』「鉱毒事件」上巻　序文代序目次　八九頁。
（5）『田中正造の近代』四七五頁。
（6）内水護『資料足尾鉱毒事件』一六頁。
（7）『田中正造全集』一〇巻（岩波書店　一九七八年）五二一頁。
（8）子息の古在由重によれば、田中が「わが家あるいは大学に父をおとずれて話をかわしたことはあった」が「そんなこともあったのか」という認識であった（「足尾鉱毒事件と古在由直」〈『世界』三〇二号所収〉（一九七一年一月）三二三頁）。
（9）「座談会田中正造」〈『世界』一〇五号所収〉（一九五四年九月）一六五頁。
（10）「古在由直博士略年譜」（『古在由直博士』所収）五頁。
（11）伝田功『近代日本経済思想の研究』（未来社　一九六二年）一五七頁。
（12）大西伍一『改訂増補日本老農伝』（農山漁村文化協会　一九八五年）三七三頁。
（13）『近代日本農政の指導者たち』（農林統計協会　一九五三年）四九頁～五〇頁。

あとがき

本書に所収した論文は筆者が以前勤務していた東京家政大学の『研究紀要』五四集～五八集（平成二六年三月～平成三〇年三月）に発表したものである（査読付）。その後多少加筆訂正をした後、この度随想舎のご厚意で出版することになった。随想舎に出版を依頼したのは同社が足尾鉱毒事件の起きた栃木県内にあることに縁を感じたからでもある。

初出の論文は堅い研究論文であったため、「登場人物」の写真や関係する地域の地図等を掲載して一般の読者が多少とも親しみやすい感触を得られるように工夫を凝らした。

ところで、多くの著書の「あとがき」の倣いもあるので、多少本書の出版に至る経緯を述べておくことにしたい。

それまで取り組んできた内務省の地方行政や社会行政に関する研究に一区切りが着い

たのは今から一〇年ほど前の六〇歳を過ぎた頃であった。その後何をテーマにすべきかしばらく迷っていたところに、農業史・農学史に関する研究が次の課題として迫ってきた。もっとも、農業史・農学史に関する研究がそれまでのテーマと全く無関係というわけでもなかった。地方行政を対象とする限りおのずと地方自治や村落社会との結び付きを無視出来るものではなく、それはまた近代日本にあってはかなりの範囲で農村史の研究と重なる領域でもあったからである。

その一つとして、本書に収録した「足尾鉱毒事件と農学者の群像」があった。とはいえ同稿が農業史・農学史にそのまま重なるというわけではなく、それとは多少距離感を感じられる位置にあるともいえよう。そもそも同稿を執筆するにあたり、私の問題関心としては学問や研究が現実の政治や社会とどのようなかかわりを持つことが出来るのかが根底にあり、その素材としてこのテーマを選んだことにもある。研究者としてのあり方、生き方を模索している私自身の姿見でもあるが、中心人物の一人である古在由直のこの事件に対するかかわりは従来孤軍奮闘しているとした評価が定着しているようにも思われる。それに対して同稿ではそれとはやや異なった視点からの人物像が提起されている。その解釈に対して批判を招くことも予想されるが、それにて研究が活性化されるのであればなによりと思われる。

ちなみに、六〇歳を過ぎてから発表した農業史・農学史に関係する論文としては、本書に所収した論文のほかには「札幌農学校と「農学」研究」（『東京家政大学臨床相談センター紀要』一六集〜一八集〈平成二八年三月〜平成三〇年三月〉）、「国立農事試験場制度の成立」（『東京家政大学生活科学研究所研究報告』三八集〜四〇集〈平成二七年八月〜平成二九年八月〉）、「大原農業研究所の設立と展開」（『東京家政大学博物館紀要』一八集〜二一集〈平成二五年三月〜平成二八年三月〉）、「安藤広太郎小論」（『東京家政大学教員養成教育推進室年報』二号〜三号〈平成二八年三月〜平成二九年三月〉）などである（安藤は国立農事試験場の第三代場長）。いずれも前勤務先の学内誌に発表したもので、査読付の論文もあれば無審査の論文もある。

ただ、右記の論文は相互に密接な関連を持っているわけではなく、思いつくままに取り組んだというのが実情である。したがって、これらの論文を今後一冊の著書として出版するとしても、どのような序章・終章を付ければ辻褄が合うのか甚だ心もとないというほかはない。

ところで、私はこの専門分野に関しては一〇年どころか、実質その半分くらいの期間しかかわっていないので素人同然のレベルに留まっているが、歴史学を専門とする研究者で農業史・農学史にかかわっている人々が少なからずいることに気付かされた。さらに農学の専門はいうまでもないが、それ以外にも経済学、教育学等多方面の専門の人々がこの領域にかかわっている。そうした人々の集まりに関西農業史研究会という組織がある。学会というより同好会的な組織である。同会は私より若干若い世代からかなり若い世代までの会員で構成されているが、上下関係のない自由闊達な雰囲気の中で交わされる議論から多くの示唆を受けている。

農業史・農学史の研究に関しては完成途上であるので、この後ももう少し努力を続けて纏まった形にしたいと考えている。これまで単著（単行本）としては『近代日本における国民組織化の過程』（東北福祉大学）、『教化団体連合会史Ⅰ』（学文社）、『北の大地を拓く—石川家臣団北海道開拓史—』（宮城県角田市役所）、『社会教育概念の史的考察』（梓出版社）、『近代日本社会教育史論』（下田出版）、『近代日本の思想善導と国民統合』（校倉書房）等があるが（このうち前五冊は品切れなどにより現在入手不可）、一目で分かるように真に微々たるものでしかない（編著・共著・分担執筆・自治体史等の単行本は略す）。今回そこに新たに一冊を加えることになった。頁数としてはこれまでで一番少ない単書であるが、山椒は小粒でもの例えがあるように出来栄えにはいささか自負するところがある。

ところで、読者はこれらの単著の表題をご覧になられて、この著者は一体何が専門なのかと首を捻られるのではないであろうか。実は私自身もそのように思っているが、これは他人には語れない寄り道、回り道を繰り返した私の人生航路の軌跡でもある。

なお末尾になったが、本書の出版にあたり大学院の日本近代史ゼミの先輩で、田中正造研究の第一人者でもある安在邦夫先生から様々なご配慮を賜った。

本稿の作成にあたり、国会図書館、国立公文書館、農業環境技術研究所（旧農林省農事試験場）、東京大学総合図書館、同大学史史料室、同農学生命科学図書館、同駒場図書館、同経済学部図書室、同法学部明治新聞雑誌文庫、同社会科学研究所、東京農工大学図書館、東京農業大学図書館、学習院大学東洋文化研究所、東京家政大学図書館、栃木県立図書館、群馬県立公文書館その他の機関で史料の閲覧、複写を行った。関係した機関に対して御礼申し上げる。

著者

［著者紹介］
山 本 悠 三（やまもと　ゆうぞう）

1947（昭和22）年12月生まれ
2018（平成30）年3月東京家政大学定年退職
現在　東京家政大学名誉教授　博士（文学）
専攻　歴史学、農政学

足尾鉱毒事件と農学者の群像

2019年5月24日　第1刷発行

著　者●山 本 悠 三

発　行●有限会社 随 想 舎
〒320-0033　栃木県宇都宮市本町10−3 TSビル
TEL　028-616-6605　FAX　028-616-6607
振替　00360 − 0 − 36984
URL　http://www.zuisousha.co.jp/
E-Mail　info@zuisousha.co.jp

印　刷●モリモト印刷株式会社

装丁●齋藤瑞紀
定価はカバーに表示してあります／乱丁・落丁はお取りかえいたします
 ISBN978-4-88748-367-5